茶事小百科

问 茶

贾迎松 著

中国轻工业出版社

自序

大学的茶学专业对很多人来说都会觉得陌生，它是全日制本科，毕业拿到的是农学学位。出于对中国传统文化的热爱，我报考了茶学专业。然而，学了之后才发现，它并不是大家想象中那种身着中式服装、姿态优雅的样子。

茶学的本质是农业与科学的结合，因此我们不仅要去茶山，还要身穿白大褂去实验室。这便造就了我对于茶叶本身热爱的理性。我并不如其他许多爱茶人一般，爱到非它莫属、热泪盈眶、不能自拔。我只是习惯了与茶日日相伴，茶就如同一日三餐，像空气和水一般，是我生活的一部分。

自大学毕业以来，从业十多年。这期间，我做过茶叶审评，做过店面管理，也做过茶叶产品经理。当然，做得最久的，还是教茶。与传统的在茶叶培训机构教课取证不同，我是一个独立教茶者，自己研发课程并教授给大家，力图教每一个茶爱好者学会品味、分辨茶之滋味的好坏优劣。

在这近十年的教茶生涯中，遇见无数学员问我习茶过程中遇到的问题，也有很多人请我推荐茶书，以解答常见疑问。解答茶叶问题固然容易，然而遍寻之后，我却无法推荐出一本能够解答他们实践中遇到的极细节问题的科普茶书。

能够解答问题的，都是极为专业的茶学教材，这对大部分人太深奥晦涩，难以读进去。其他市面上常见的茶书，则大多浅尝辄止，不够深入，更不曾解答实践中所遇到的问题。

后来听从朋友建议，开始习惯记录学员问过的问题，形成每日一记，以便给他们提供专业且能够读懂的解答。自每日一记更新后，不仅我的学生在关注，很多茶从业者亦有关注，这令我感到惊讶的同时，也很开心与满足。

以上则是这本以科普为主，但又尽可能专业的书稿的缘起，希望能够解答读者关于茶的一部分专业问题。

感谢成书期间编辑的专业、耐心与信任，感谢从业路上给予我帮助的老师、同学与朋友们。没有你们，就没有这本书。

感恩！

祝愿世界太平。

贾迎松

特别说明：真正的发酵是指微生物分解有机物质的过程。而除了黑茶，在其他茶叶的制作过程中，是几乎没有微生物参与的。但我们经常会听到"茶叶发酵"一说，其中既包含黑茶的真实发酵，也指其他茶类无微生物参与的近似发酵反应，故"发酵"二字在书中加引号以与真正意义的发酵区分。

壹

什么是茶叶

茶叶的种类

1. 茶叶都有哪些分类

茶叶按照制作工艺和品质特点，可分为：绿茶、黄茶、黑茶、白茶、红茶、青茶六大类。这六大茶类是利用茶树的鲜叶制成的，它们被称作为基础茶类。除此之外，还有再加工茶和非茶之茶的分类。

再加工茶，是把六大茶类再次进行加工而成，最常见的再加工茶就是茉莉花茶和紧压茶（砖茶、饼茶）等。

非茶之茶，不是用茶树鲜叶制成，而是利用其他植物的根、茎、叶、花、果等制成干样，再利用饮茶的方式饮用的"茶"，常见的有花草茶、苦丁茶、胖大海、罗汉果等。

2. 茶叶是如何命名的

一种茶叶要想具有辨识度，名字很重要。但不是随意取个好听的名字这么简单。

茶叶命名有其特有规律，通常来讲，除了以茶叶形状、色泽、香气、滋味、茶树品种等外，还以生产地区、环境特点、采摘时期、技术特点以及销路等不同而命名。

比如，以洞庭碧螺春为例，其命名就很有趣。其中洞庭即洞庭山，"碧螺春"三字则蕴含了颜色、形状与采摘时节。再者，在古代的苏州当地又有碧螺峰，传以此处为佳。几者结合，则构成了极巧妙的茶名。

再比如，白毫银针是典型的以颜色、形状和外形特点命名的茶；而肉桂、水仙、铁观音是典型的以茶树品种命名的茶；边销茶、外销茶等则是以销路命名的茶；古代的探春、次春和现在的明前、雨前等名字就是依采摘时期而命名的。

因此，虽然茶名多种多样，但通过名字我们可以获得茶的一些基本信息，譬如香气、产地、外形、茶类等。

故而那些听起来十分好听、玄而又玄、看似文艺清新的名字，却不见得符合命名标准，而是生产者、销售者的一种销售手段罢了。

3. 六大茶类的划分标准

如今，世界流行的茶叶分类方法是中国大陆划分的六大茶类，即绿茶、黄茶、黑茶、白茶、红茶、青茶（乌龙茶）。这种分类方法虽然是以颜色来命名的，但却是按照制茶工艺和品质特点来划分的。其中，六大茶类中的绿茶为我国最古老的茶类，早在唐宋时期人们就已经利用蒸汽杀青制成蒸青团茶，在此基础上，经过漫长的实践与发展，在民间才出现了品质特色各有千秋的六大茶类。

六大茶类的基础制作工艺是：

绿茶：鲜叶—摊凉—杀青—做形（揉捻）—干燥

黄茶：鲜叶—摊凉—杀青—做形（揉捻）—闷黄—干燥

黑茶：鲜叶—摊凉—杀青—做形（揉捻）—渥堆—干燥

白茶：鲜叶—萎凋—干燥

红茶：鲜叶—萎凋—做形（揉捻）—渥红（"发酵"）—干燥

青茶：鲜叶—萎凋—做青—炒青—做形（揉捻）—干燥

黄山毛峰（绿茶）

蒙顶黄芽（黄茶）

普洱熟茶（黑茶）

白毫银针（白茶）

祁门红茶（红茶）

武夷岩茶（青茶）

4. 各种茶类的英文名

大多数人都被问过："你知道'Black tea'是什么茶么？"一不小心就会说成黑茶。其实"Black tea"是红茶。那么除了红茶以外，其他茶类的英文名称分别是什么呢？

绿茶：Green tea

青茶：Oolong tea

白茶：White tea

黄茶：Yellow tea

黑茶：Dark green tea

花茶：Scented tea

砖茶：Brick tea

速溶茶：Instant tea

5. 绿茶的品质特点

作为六大茶类的一种，绿茶是我国人民接受度最广的一种茶。那么绿茶有什么品质特点呢？

简单来说，绿茶的品质特点是"清汤绿叶"，因为绿茶的制作工艺为：鲜叶—摊凉—杀青—揉捻—干燥，茶的鲜叶经过高温杀青后，制止了酶促反应，使茶叶具有清香的同时，也能使叶绿素从叶绿体中解放出来，进而能够溶于茶汤，使其呈现出汤色碧绿、叶底嫩绿的特点。

除具有了清汤绿叶的特点外，绿茶喝起来滋味鲜爽、甘甜生津、清凉解渴，令人回味无穷。

◀ 清汤绿叶

6. 黄茶的品质特点

黄茶，作为六大茶类的一种，是市场上大众所知非常少的，其品质特点自然更是鲜为人知。

简单来说，黄茶有两种，一种为树种黄茶，就是用芽叶为黄色的茶树制作的茶，这种茶往往是绿茶，只是名字叫黄茶。另一种为工艺黄茶，即我们通常所说的黄茶，是指制作工艺有闷黄工序的黄茶。

而经过闷黄工序的黄茶，具有"黄汤黄叶"的特点，它不仅汤色黄、叶底黄，干茶也呈黄色，具有"三黄"的特征。黄茶的干茶与茶汤闻起来都具有熟香、谷物香等，十分清悦，而滋味则味厚爽口，比绿茶更为甘醇。

7. 白茶的品质特点

白茶与黄茶类似，也分为两种，即树种白茶和工艺白茶。

如安吉白茶就是树种白茶，其制作工艺是绿茶制法，因此虽然名字中有"白茶"，却属于绿茶类。

工艺白茶一般按照采摘嫩度分为白毫银针、白牡丹、贡眉、寿眉。

其中白毫银针原料最嫩，为单芽；白牡丹为一芽二叶；贡眉为少量芽，大部分是叶；而寿眉则几乎没有芽，全是粗梗大叶。

白茶的"发酵"程度很轻微，制作工艺只有萎凋和干燥两道工序，因此能较好地保存茶叶本身具有的鲜甜滋味。

白毫银针的干茶具有满披白毫、如银似雪，香气新鲜、毫香高长的特点，汤色浅杏黄明亮，滋味清甜有毫味（毫味即茶芽芽毫的香气）。

白牡丹和贡眉则以香气带毫香为佳，带青草气者次之；汤色以橙黄清澈为佳，深黄者次，红色为劣；滋味要求鲜爽有毫味，粗涩、淡薄者次之。

寿眉则外形粗老，芽毫不显，叶片梗多；汤色橙黄或深黄；叶底柔软、鲜亮，叶张主脉迎光透视时呈红色，味醇爽，香鲜纯，滋味粗涩、淡薄者次之。

8. 黑茶的品质特点

黑茶，在古代为边销茶，是西藏、新疆、内蒙古等地日常生活不可或缺的茶，当地有用黑茶来去油解腻的习俗。现在，黑茶已经不仅仅是边销茶，因其具有消脂减肥的功效，内陆也早已流行起喝黑茶了。

作为六大茶类的一种，黑茶比其他五类茶的选料更为粗老。而黑茶的制作方法也完全不同，它的制作工艺为：鲜叶—摊凉—杀青—揉捻—渥堆—干燥。渥堆是制造黑茶最为关键的工序，然后再经过高温蒸压成形。通常来讲，黑茶大多为紧压茶，普遍会紧压成饼、砖、沱、篓等不同形态。

一般来讲，黑茶外形呈黑褐色，香气以陈香为主，也有的黑茶为槟榔香，茶汤的汤色红浓，喝起来滋味陈醇浓厚。

9. 红茶的品质特点

红茶是六大茶类里在我国产地最为辽阔的一种，它品质优异，以"香高、色艳、味浓"著称。红茶有小种红茶、工夫红茶和红碎茶三大类。而小种红茶里的佼佼者正山小种是世界红茶的鼻祖，祁门工夫红茶更是世界三大高香红茶之一，以天下第一香的"祁门香"享誉世界。

红茶的制作工序为：鲜叶—萎凋—揉捻—渥红（"发酵"）—干燥，经过"渥红"这一决定红茶品质的关键工艺后，使红茶具有"红汤红叶"的品质特点。

茶叶闻起来具有"发酵"的甜香和成熟的花果香气，汤色红艳或金黄明亮，喝起来滋味醇甜，回味悠长。

10. 青茶（乌龙茶）的品质特点

青茶即乌龙茶，是产自广东、福建和台湾的特种茶类。在经过做青和炒青两道重要工序后，青茶形成了独特的"绿叶红镶边"的特点。

种类繁多的青茶，大多以茶树品种命名，如铁观音、肉桂、水仙、芝兰香、蜜兰香等。青茶的外形粗壮紧实，色泽青褐油润，闻起来具有天然馥郁的花果香气，非常耐泡，喝起来滋味醇厚，韵味极好，叶底绿叶红镶边，柔软有弹性。

11. 茶叶都有哪些形状

许多人只知道茶叶有散茶和紧压茶的区别，其实细分起来，根据茶树的树种和采制的技术不同，茶叶的形状也分很多种，大致分为以下几种。

条形茶，属于此类的茶有很多，如绿茶的炒青、晒青，红茶的小种茶，青茶中的水仙、肉桂等。

卷曲形，此类茶有搓团提毫的工序，使茶叶条索紧细卷曲、白毫显露，碧螺春、蒙顶甘露、都匀毛尖等茶都是卷曲形茶。

圆珠形，属于此类的茶也有不少，典型代表有涌溪火青、泉岗辉白等。

扁形茶，扁形茶的茶条扁平挺直，典型代表有西湖龙井、旗枪、大方等。

雀舌形，代表茶为黄山毛峰、顾渚紫笋等。

针形，以茶条紧圆挺直似针状而得名，代表茶有银针、雨花茶等。

片形，代表茶为六安瓜片等。

尖形，代表茶为太平猴魁等。

花朵形，代表茶为白牡丹、小兰花茶等。

团块形，代表茶有砖茶、饼茶、沱茶等。

束形，代表茶有龙须茶等。

另外，茶叶形状还有诸如颗粒形、粉末形、环钩形、藤蔓形、米粒形、螺钉形、屑片形、晶形等，这些形状的茶并不常见，且篇幅有限，故不做赘述。

12. 我国有哪些花茶

花茶在我国历史很久远，茉莉花茶在市场上最为常见，尤其在北方市场，拥有极大的受众群体。

除了茉莉花茶以外，珠兰花、代代花、玫瑰花、蔷薇花、柚子花等食用香花也可以用来窨制花茶。再有历史上常被记载的莲花茶等。

另外，用来窨制花茶的茶坯，也不仅仅只有做茉莉花茶的绿茶，市场上也会有青茶（乌龙茶）、红茶等茶类，茶品有蜜桃乌龙、玫瑰红茶等。

13. 什么是珠形茶

我们有时候喝茶会喝到珠子形状的茶，许多人会将其误认作铁观音，铁观音是半球形茶，而这种一颗颗珠子形状的茶很可能是珠形茶。

珠形茶，即珠茶，亦称圆茶，属于圆炒青，因形似珍珠而得名。其干茶看起来外形紧圆，呈颗粒状，身骨重实。比较著名的珠形茶茶品有平水珠茶、涌溪火青、泉岗辉白等。

▲ 珠形茶涌溪火青

14. 什么是扁炒青

绿茶有炒青、烘青、晒青和蒸青四种类别。其中，炒青茶分为扁炒青、圆炒青、卷曲形等。而扁炒青，作为炒青绿茶的一种，因其外形扁平光滑而得名。

一般来讲，扁炒青根据产地和制法的不同，共分为龙井、旗枪、大方三种。其中，龙井茶产于浙江，高级龙井为西湖龙井，以狮峰龙井最为质优。好的龙井制作精细，以"色绿、香郁、味甘、形美"著称；旗枪茶产于龙井茶区四周及毗邻地区，采制没有龙井茶精细，外形扁平光洁，滋味纯正鲜和，叶底尚绿；大方茶产于安徽歙县和浙江临安等地区，以歙县老竹大方（顶谷大方）最为著名，多作为花茶的茶坯，窨花后成为花大方。大方茶外形扁平挺直，有较多的棱角，具熟栗子香，滋味浓爽，耐冲泡。

▲ 扁平炒青顶谷大方

生长环境与物候

1. 中国有哪些茶区

"橘生淮南则为橘，橘生淮北则为枳"，不同地区所产植物会有很大的不同。自然，作为植物的一种，不同地区生长着的不同类型和品种的茶树，其所产的茶叶品质、类别也有很大不同。

一般来讲，我国茶区分为四大茶区：华南茶区、西南茶区、江北茶区、江南茶区。其中，华南茶区包括福建中南部、广东中南部、海南、广西南部、云南南部等地区；西南茶区包括贵州、四川、云南中北部等地区；江北茶区包括河南南部、安徽北部、江苏北部、山东东南等，为我国最北的茶区；江南茶区包括广东北部、福建中北部、湖南、浙江、江西、安徽南部等地区。

2. 中国的种茶地点最北能到哪里

茶者，南方嘉木也，在大多数人的意识中，茶树原产且适合生长在南方。

但是虽然茶树是喜温喜湿的植物，随着现代技术的提升，以及受到海洋调节的小区域气候的影响，北方的许多地方也生长茶树。比如，现在的山东半岛东部和东南部（如日照、青岛崂山等地）、江苏省东北部，最北到北纬37°左右的地方，都有茶树种植。不过这些地方，因为夏秋季节高温多雨，因此夏秋茶产量较大，所产绿茶具有南方高山茶的特点。

3. 茶树适合生长在什么地区

唐代陆羽《茶经》有云，茶树喜"南方之嘉木""阳崖阴林""上者生烂石"的环境。从现代农业科学角度看，茶树为常绿木本植物，适应力强，很多地方都能生长。但因茶树喜阴、喜温、喜湿，喜漫射光、酸性土壤等条件，所以南方更适宜茶树生长。山东以北的地方因为温度低、气候干燥，土壤以中性、碱性为主，所以不太适宜茶树生长。

4. 如果茶树的生长环境水分过多，茶品会有水味吗

"晴采雨不采"是因为如果下雨天采茶叶，会因为叶片含水量过多，导致叶片泛黑、滋味有水味，所以品质不佳。

或许有人会产生疑惑，如果不是在下雨天采茶，而是在雨水过多的茶叶生长季节，茶叶会有水味吗？

这个答案不是肯定的，因为茶叶喝起来有水味，不仅是雨水茶这一个原因导致的，而是多种原因综合引起的。但是有一点可以肯定的是，如果茶树生长环境水分过多，会对茶叶的生长过程造成不良影响，甚至有湿灾，引起植株死亡。

茶树生长需要水分，但是具体需要多少水量，与茶树的需水规律和茶园水分含量息息相关。

5. 生态好的地方，产的茶叶一定好吗

许多人有一个误区，以为茶树生长的地方生态好，所以茶叶品质好。

其实不然，茶叶品质好不好，环境自然是重要的。但是这个环境不仅指山清水秀、植被丰茂，除此以外，更重要的因素还包括此地的土壤、风向、温度、湿度、海拔、植物、朝向等。其中，土壤因素又包括pH、矿物质含量等，比如pH值要在4.5～6.5才是好的；温度既包括早晚温差，也包括四季平均温度，还有土壤温度等；湿度不仅包括空气湿度，也包括土壤湿度……

茶树是一种植物，有其最适宜的生长环境，这个生长环境又直接影响了其品质。如果仅仅看到景色优美，环境无污染，是不能简单粗暴地断定该地所产茶叶品质的。

6. 现代人认为露水叶不好，为什么《茶经》里"凌露采焉"

露水过多的露水叶，在现代被普遍认为品质不佳。既然如此，为什么陆羽在《茶经》里写要"凌露采焉"？

其实，仔细分析《茶经》，就可以猜测陆羽之所以这么认为，很可能因为在唐代时候，茶叶制法为蒸青，而蒸汽杀青对鲜叶的含水量要求不那么严格。不像现在，茶叶制作以锅炒杀青为主，需要严格控制鲜叶的含水量，不仅不能"凌露采"，鲜叶采回来还需要摊凉散失水分。所以，在现代我们探讨茶叶品质，尤其是历史上的茶叶时，都需要根据当时的历史背景、社会状况、制作方法来综合考虑和判断，否则就很容易陷入古今制作和饮用方法的矛盾陷阱之中。

7. 高山茶一定是好茶吗

　　都说高山云雾出好茶，那高山茶就一定是好茶吗？当然不一定。

　　虽然海拔高所产的茶叶持嫩度高（持嫩度，即能够保持嫩度，不快速木质化的时间），又因昼夜温差大，可形成较丰富的内含物质。但是也因为夜间温度较低，容易产生霜冻芽叶，产量也较低。且因为市场过于追捧，导致部分茶商、茶农盲目制作，工艺也参差不齐。

　　海拔高度只是影响茶叶品质的一项重要因素，但是不应过分强调、夸大和渲染，其采摘标准、制作方式、土壤条件、湿度、温度等，每一个因素都能影响茶叶品质。因此茶叶品质是各种因素互相影响协调的结果，而不是由单一因素决定的。比如，鼎鼎有名的西湖龙井、洞庭碧螺春都不是高山茶，但是品质都不差；而云南普洱茶位处云贵高原，随便的山头海拔都在1000米以上，也不见得都是好茶。

　　因此，万万不可只凭单一条件来判断茶的品质，一定要视综合因素而定。

▼ 2016年于湖北黄梅芦花庵高山采茶时的云雾

8. 明前茶和高山茶哪个好

好多人说明前茶好，也都说高山茶好。那么就有人问了，既然都好，明前茶和高山茶哪个更好呢？

其实，明前茶和高山茶，一个是指采摘的时间早，一个是指茶树生长的海拔高。这是时间与空间两个维度的概念，不能相提并论。

同一种茶，既可以有明前低山，也可能有明后高山，二者哪个更好，要就茶而论，看其产地是否为核心产地、采摘是否头采等来断定，而不能信口断言。

9. 茶园里种什么植物，所产的茶就有这种植物的香味吗

一些人喝到茶里有兰花香，就会认为是茶园里种有兰花的缘故。

这个想法太过于想当然了，茶园里种的是什么植物，与茶里有什么香气，并没有直接关系。否则，茶园里植物繁多，却也不见得茶里拥有所有植物的香气。比如，凡产茶之土，大抵都有映山红，却并没有见谁说起茶里有映山红的味道。

因此，就算茶园里长有兰花，也仅代表该茶园的生态环境良好，所植之茶自然品质优良，而不是茶叶里含有兰花香的原因。

不过，因为茶园里的植物与茶树共同生长，因此其他植物的根部、植株所需要的营养和分泌的成分，可与茶树的根部、植株所需的营养和所分泌的成分互相吸收，共同协生，相互生发促进，这也是茶园往往需要多种植物共植，要求良好生态的原因。

而茶的香气，除了与良好的茶园生态环境有关之外，与其制作工艺也有很大的关系。比如红茶的焦糖香就与烘焙干燥时候的温度息息相关，而花果香则与渥红的程度有着直接的关系。而兰花香的形成则与优良的生态环境、上佳的茶树品种以及精湛的制茶工序息息相关。

10. 什么是云雾茶

通常而言，云雾茶代指绿茶。但是，云雾茶是一种代称，仅代指所产茶品生长在云雾缭绕的高山茶区。也就是说，被叫作云雾茶的茶品，仅代表茶树的生长

◄果树与茶树
共生的碧螺
春茶园

什么是茶叶

环境在云雾缭绕之中，而不代表产地区域、品类等级、品质优劣等。

通常，有高山的地方均可盛产云雾茶。如黄山毛峰的前身，亦称为"黄山云雾"。再有，庐山云雾、天台山云雾等，亦为世人称道。

11. 为什么说高山云雾出好茶

高山一般都具有多云雾、高湿度、温差大的特点。多云雾高湿度能够避免日光直射，散射光较多，使茶芽持嫩度更高，有利于氨基酸和芳香物质的形成；温差大则意味着白天温度高，有利于光合作用产物的积累，使茶叶中蛋白质、氨基酸等内含物质含量增加，晚上的温度低又降低了呼吸作用，使有机物的消耗减少。

综上所述，才有"高山云雾出好茶"的说法。

12. 什么是阳崖阴林

爱茶人大都知道，好的茶树生长环境，应是在阳崖阴林。那么，何谓阳崖阴林呢？

所谓阳崖阴林，也被叫作阳坡阴林，指茶树的生长环境在朝阳的山崖、山坡，且在高大的林木之下。这种环境生长出来的茶，才会有优良的品质。

阳崖表示温度适宜，又有光照，利于光合作用产生有机物；而阴林则避免了阳光直射，相对减少茶多酚的合成，而增加氨基酸、蛋白质等的形成，这样的茶喝起来才鲜爽甘甜，品质上佳。

13. 干旱天气，茶叶品质会变得更好吗

有时会听到一种论调，认为天气干旱，茶树缺少水分，因此茶汁浓度增加，所以茶叶品质会更好。

这么想当然的说法，乍听似乎有理，结论自然是错的。

因为，如果缺水，首先，茶树气孔关闭，能够直接影响光合作用，减少有机物质形成，倘若长期缺水，甚至可以严重破坏茶树的水分平衡，限制酶的活性，植株的碳素同化作用几乎停止；其次，茶树叶组织受到损伤，产生焦叶、半焦叶，

什么是茶叶

生理机能严重受损，影响儿茶素的浓度累积；最后，含氮化合物的代谢与产生，是需要水分为介质进行吸收和运输的。如果缺水，茶多酚、氨基酸等内含物质含量减少，茶叶无论品质还是产量都会下降。

所以，所谓干旱时，茶叶品质会更好，简直是无稽之谈，并没有科学依据。

14. 什么是洲茶

洲茶是武夷岩茶里具有某种特定特点的产地所产的茶，《随见录》有载："武夷茶在山者为岩茶，水边者为洲茶。"

而崇安县令王梓的《茶说》有载："武夷山周围百二十里，皆可种茶，其品有二：在山者为岩茶，上品；在地者为洲茶，次之。"由此可见，洲茶在过去有两种意思，一为生长在水边的茶，一为生长在平地上的茶。在如今，洲茶则已泛指为崇溪、九曲溪、黄柏溪溪边靠近武夷岩两岸所产的茶叶，品质低于正岩茶和半岩茶。

▼ 洲茶

15. 武夷岩茶产茶地点有哪些

武夷岩茶，其产地在武夷山。武夷山方圆60公里，全山36峰，99名岩，岩岩产茶，产于此的乌龙茶，通称为武夷岩茶。武夷岩茶按照产茶地点可分为：正岩茶、半岩茶、洲茶。

正岩茶指武夷山风景区中心地带所产的茶叶，香高味醇，岩韵显著；半岩茶指武夷山边缘地带所产的茶叶，岩韵略逊于正岩茶；洲茶则泛指为崇溪、九曲溪、黄柏溪溪边靠近武夷岩两岸所产的茶叶，品质更低。

16. 制作抹茶的茶树为什么要遮阳

制作抹茶和玉露的茶树，在采摘前需要"被覆栽培"一段时间。被覆栽培，简单理解就是要用稻草或苇帘等覆盖茶园，即遮阳。一般来讲，视所制作的茶叶不同而定，遮阳时间从一个星期到二十天不等。

遮阳目的是减少茶树的光合作用，促进呈鲜甜味的化合物（比如氨基酸）的合成；减少呈苦涩滋味的化合物（如多酚类化合物）的合成，进而形成特有的茶叶香气，被称为"覆香"。

茶树品种

1. 茶树树种包含哪些

茶树树种是现代茶叶生产过程中，极重要的一部分。其中"种"包括了种质资源、遗传变异、育种方法、良种推广、品种审定、繁育体系等。茶树的品种资源，又称为种质资源、遗传资源、基因库等，包括野生大茶树、农家品种、育成品种、品系、名丛、珍稀材料、引进品种、近缘植物等。

2. 灌木、小乔木和乔木型茶树有何区别

茶树在自然条件下的性状，按照树的形态分为灌木、小乔木和乔木，主要区别如下：

灌木型茶树，无明显主干，树冠较矮小，一般树高为1.5～3米，分枝在近地面根茎处，分枝稠密，根系较浅，侧根发达；小乔木型茶树，介于乔木和灌木的中间类型，有较明显主干，分枝也较高，树冠多直立高大，根系也较发达；乔木型茶树，主干明显，分枝部位高，其树高一般为3～5米，野生茶树可达10米以上，此类茶树主根发达。

3. 乔木型的茶树一定是大叶茶吗

你能分清乔木茶和大叶茶吗？从植物学科角度来讲，根据叶片大

▲ 灌木型茶树

▲ 小乔木型茶树

▼ 乔木型茶树

▼ 灌木大叶种

▼ 小叶种

小，茶树可分为小叶类、中叶类、大叶类和特大叶类；根据树型，则分为灌木型、小乔木型和乔木型。因此无法得出灌木型茶树一定是小叶或乔木型茶树一定是大叶的结论。比如武夷山肉桂树种是灌木型的茶树，而它却属于中叶类；云南倚邦许多茶树则是乔木型的小叶类。

所以乔木型的茶树不一定是大叶种，而大叶类也不一定是乔木茶。

4. 不同茶类必定来自不同的树吗

茶类之所以会有不同，是因为制作工艺的区别，而非茶树不同。

理论上，同一棵茶树采下来的茶叶，可以制作绿、黄、黑、白、红、青六大茶类中的任何一种，就如同样是面粉，既可以制作面包，又可以制作面条和包子一样。

但需要注意的是，因为产地、气候、树种等不同，茶树采下来的鲜叶适合制作的茶类也是不同的，比如生长在福建的肉桂、水仙、铁观音等树种更适合制作乌龙茶，而非绿茶、白茶，但是这仅代表这些树种制作乌龙茶更好喝，而不是不能制作别的茶。

这就跟高筋面粉适合制作面包，低筋面粉适合制作蛋糕一样，不代表不能制作别的面制品。

5. 茶树品种与茶叶品质有何关联

茶树的鲜叶通过不同的加工工艺制作形成不同品质的茶叶。茶树不同，其鲜叶的形状、色泽、叶质、软硬、厚薄、内含物质等均不同，因此将不同的鲜叶制成什么茶叶就显得尤为重要。

一般来讲，叶形大的鲜叶适合制作体型较大的茶，如滇红、大方茶、大叶青等；叶形小的鲜叶适宜制成形状小巧的茶，如龙井、碧螺春、黄山毛峰等；长叶形鲜叶制成的条形茶，显得纤细秀长；圆叶形鲜叶制成的条形茶，则显得粗壮、结实，风格不同。

另外，长叶形鲜叶更适合制作圆形茶；而圆叶形鲜叶，则适合用来制作如龙井或瓜片这类尖形、扁形茶。

再者，不同的茶树品种所含的化合物有所不同，比如云南大叶种茶，用来制作绿茶滋味苦涩，品质低劣，但是制作普洱茶则品质颇佳。乌龙茶的许多品种，用来制作乌龙茶香气馥郁、滋味醇厚，制作其他茶类则品质很差。

所以一款茶叶的品质与茶树品种有着很大的关系，一定要看茶制茶，而不能随心所欲地想象而为。

6. 凤凰水仙和武夷水仙都是水仙树种，它们有什么关系

虽然二者都名为水仙，但关系不大。

凤凰水仙的树种，是由凤凰山原始种红茵栽培、选育而成，也称鸟嘴茶，于1965年正式定名为凤凰水仙，以乌叶、白叶类型为主，为有性系小乔木品种。

武夷水仙的树种，约于光绪年间传入，为闽北水仙里的一个优良品种，源于福建水仙种。福建水仙种，发源于福建建阳，为无性系小乔木品种。

7. 在福鼎，为什么种植的福鼎大毫茶比福鼎大白茶多

很多茶学专业书里都写着制作福鼎白茶的品种是福鼎大白茶，但如今在福鼎，普遍种植的不是福鼎大白茶，而是福鼎大毫茶。福鼎大白茶和福鼎大毫茶都是适制白茶的优良品种。但是福鼎大白茶是小乔木中叶种，而福鼎大毫茶是小乔木大叶种。因为叶种不同，意味着其产量不同。以百芽为例，福鼎大白茶一芽三叶，百芽重量63克；而福鼎大毫茶，百芽重104克。由上述数字可知，福鼎大毫茶的产量会比福鼎大白茶多将近三分之二。因此福鼎大毫茶种植更加普遍。

8. 什么是菜茶

菜茶是指用茶树经过异花授粉、世代用种子繁殖的茶树群体，其栽培历史悠久，有些地方也称为"土茶""群体种"。但是，菜茶由于长期用种子繁殖，茶树产生自然变异，因而遗传形状混杂，导致后代分离，或同代个体间近交衰退，反而不好。一般来讲，菜茶多指当地原始的采用种子繁殖种下的茶树树种，如武夷菜茶、坦洋菜茶、龙井群体种等。

9. 什么是龙井群体种

爱喝龙井的人都知道，西湖龙井有群体种、龙井43等品种，那么什么是龙井群体种呢？

龙井群体种是传统的龙井品种，它是有性繁殖系品种，属灌木型小叶类，具有育芽强、芽叶小、产量高、萌芽轮次多、产量较高、品质较好等特点。

但是也因为龙井群体品种是有性繁殖，所以茶树品种比较混杂，有长叶种、圆叶种、瓜子种等；芽色也有绿芽、紫芽、黄芽三色之分；更有发芽早、中、晚时间不一等特点。

基于龙井群体种的以上特点，1949年后，中国科学院选育推广了龙井43和龙井长叶等优良品种，用来制作龙井茶。这两个品种也是如今市场上制作龙井茶的主要品种。

10. 什么是红芽歪尾桃

在学习铁观音时，往往会被告知"红芽歪尾桃"是铁观音树种的特征之一。那么，什么是红芽歪尾桃呢？

铁观音既是茶名，又是树种名。而铁观音树种，又名红样观音或红心观音，铁观音树种的叶片呈椭圆形，锯齿疏钝。因其叶片略向背面反卷，嫩芽呈紫红色，且叶基部稍凹，并稍向左歪，叶尖略微向背面下垂，故得名"红芽歪尾桃"。

◀ 红芽歪尾桃

茶叶是怎么做成的

茶叶采摘

1. 茶叶和树叶有何区别

在茶山采茶时，因为是身处野山，茶园并非成片种植，茶树往往混杂在许多其他树木之中。因此，有许多朋友分不清楚茶叶和其他植物叶片。

其实，其他树叶和茶叶，除了在理化含量*上有所不同，这二者单纯凭借肉眼也是很好分辨的。通常来讲，能同时满足以下四点，即可判断其是茶树树叶：

①嫩芽叶有茸毛；

②有明显主脉；

③网状闭合叶脉；

④叶边缘有锯齿。

2. 茶叶上的茸毛是什么

许多人买到了茶，看到茶叶毛茸茸的，都会疑惑这是什么，不是发霉了吧？

其实这些在茶叶上附着的呈白色的茸毛，叫作茶毫或者毫毛。有茸毛是茶叶最基本的特性之一，通常来讲，原料越细嫩茸毛越多越细

---

* 理化含量，即生化含量，它主要用于研究细胞内各组分，如蛋白质、糖类、脂类、核酸等生物大分子的结构和功能。

◀ 嫩芽叶有茸毛

◀ 有明显主脉，网状闭合
结构，叶边缘有锯齿

密，基本上茸毛以茶芽最密。同一种茶树，茸毛的密度从大到小依次为：茶芽、第一叶、第二叶、第三叶。

茸毛里含有丰富的氨基酸和其他有效成分，制成的茶叶能够增进茶汤的香气和滋味。比如红茶，在制作工艺中，经过多酚氧化酶的氧化反应，白色的茸毛会变为"金黄毫"，这也算是优质红茶的特征。

茸毛多的幼嫩芽叶制作出来的茶通常具有毫香，鲜爽度也会很高。但是毫毛多少并不代表茶叶品质的好坏，只是一些茶品老嫩度的体现。

3. 在春天，茶叶能够采几轮

通常来讲，经过一个冬天的孕育之后，在春天萌发生长的新梢，被称为头轮新梢。而新梢，则可以理解为可供我们采摘茶叶的细嫩枝条。

新梢能够采几轮，取决于水分、温度和肥料，尤其是氮肥的状况。通常来讲，头轮新梢采摘后，在留下的小桩上萌发腋芽，生长为新一轮新梢，即第二轮新梢；二轮新梢采摘后，在留下的小桩上重新生育腋芽，形成第三轮新梢，依此类推。

在春天，茶叶通常能够采摘二三轮，但是如果营养成分不足，或遇到干旱等不良气候，则新一轮的新梢不能萌发，或者生长得十分瘦弱。

4. 什么是茶青

在茶区旅行，或者学茶的过程中，无论谈论什么茶，大家几乎都会提及"茶青"这一词语。那么这里的茶青是指什么呢？

简单来讲，茶青即茶树鲜叶。通常，从茶树上采摘下来的茶叶新梢，包括芽、叶、嫩梗等，它们被称为鲜叶，也被称为生叶或茶青，有些地方称之为茶草，它们是制作各种茶叶最基础的原料。

5. 茶叶采摘越早越好吗

"早采三天是宝，晚采三天是草"，是茶区用来表述茶的鲜叶采摘越早品质越好的俗语。以至于，如今市场上一直在追求"早春茶""明前茶"，其实，并非所有的茶都是采摘越早越好的。许多名优茶，都需要茶叶生长到一定的嫩度再采摘，才能制作出符合其品质特点的茶叶。

比如太平猴魁，往往清明时期尚未发芽，待其长到芽叶顶齐的肥壮程度，得等到谷雨前后才可以采摘。又如乌龙茶，要形成驻芽之后，长到一定的成熟度，才开始采摘。这样制成的茶叶品质更好。

所以，采摘时间并非越早越好，要视具体茶类而定。

6. 紫芽比绿芽品质更高吗

许多人在市面上买茶，会碰见很多茶商在销售一种叫作"紫芽"的茶。大抵是因为陆羽曾说过"紫者上，绿者次"，因此许多人十分追捧紫色芽叶制成的茶。

▼ 采下来的鲜叶，叫作茶青或茶草

那么，紫芽茶真的好吗？它的品质是不是就比绿色芽叶制作的茶更高呢？其实，就制茶而言，茶鲜叶的颜色不同，其适合制作的茶也不同。比如紫色芽叶，因为花青素含量高，若用来制作绿茶就会使汤色发暗，而如果制红茶，因为内含物转换的缘故，品质就更会高一些。

　　所以，不能单纯地认为紫芽一定比绿芽好，还要具体看制什么茶，喝起来品质到底如何。

▲ 芽叶泛紫的鲜叶。紫芽并非纯紫色，而是芽叶受到阳光照射后，形成的花青素过多，故而泛紫

▼ 绿色茶芽

7. 为什么下雨天不采茶

"晴采雨不采"，这是对茶鲜叶采摘的最基本要求。雨天采摘的鲜叶表面有水，如果不及时制作的话，就很容易产生难闻的水闷气味；同时，雨天鲜叶的含水量比晴天要高许多，对制作的技术要求极高，稍不注意就会发生严重的失误（比如茶叶焦煳、红梗红叶等）；并且用雨天鲜叶制成的茶叶色、香、味、形皆差一等，比如香气低沉、有水闷气味、滋味寡淡、色泽暗沉泛黑等。

因此，才会有下雨天不采茶一说。但是，现在许多茶区为了抢收，雨天也开始采茶了，这种"雨水叶"流入市场，需要大家仔细辨别。

8. 茶鲜叶一次采摘太少，能集中采摘几天后再一起做吗

茶叶一定是要当天采摘，当天制作。若茶鲜叶采摘下来后不及时付制，就会使品质降低很多。因为与制茶品质相关的，除了茶鲜叶的匀净度外，就是新鲜度了。用新鲜茶叶制茶会有鲜爽而令人愉快的新茶香，但若制作不及时，新鲜度下降，会导致芳香物质逐步挥发，再加上糖类等有机物的分解、发热，会引起茶叶不同程度的红变，红变轻的叶子制茶有熟闷气，红变重的叶子制茶则有酸馊等腐败的臭气。因此，茶鲜叶的新鲜度对于茶叶品质有着至关重要的影响，若采下来后未能在当天制作，茶叶就完全浪费了。

9. 什么是鱼叶

黄山毛峰的典型特点是：象牙色、金黄片。其中"金黄片"就是指鱼叶，那么何为鱼叶呢？

鱼叶是指发育不完全的茶叶叶片，因形似鱼鳞而得名。鱼叶的颜色一般比较淡，叶边缘一般无锯齿。通常来讲，每轮茶叶新梢，即新萌发生长的茶树芽叶，一般会有一片鱼叶，多的话会有两三片。

▲ 包裹着茶芽的为鱼叶，即发育不完全的真叶

10. 什么是开面采

开面采是乌龙茶特有的采摘方式。它是指等到每年茶树新梢的芽头不再生长，形成驻芽之后再采摘的方式。这是因为要达到乌龙茶特有的品质特点，所需的鲜叶不能过嫩，也不可太老。

一般来讲，采摘的标准是形成驻芽的嫩梢第三、四叶位，即开面三四叶。而出现了驻芽的鲜叶叫作"开面叶"，按照叶片的大小，共分为小开面、中开面、大开面三种。

小开面，即第一叶为第二叶面积的一半；中开面，即第一叶为第二叶面积的三分之二；大开面，则是第一叶与第二叶面积相当。

一般而言，乌龙茶选用中开面的嫩度较为适宜。除了乌龙茶以外，正山小种的采摘方式亦是开面采。

▲ 开面采：左为大开面，右为中开面

▼ 开面采：小开面

11. 什么是对夹叶

有时候，我们看茶叶的专业书时，会看到"对夹叶"一词。那么对夹叶是什么呢？对夹叶这个词，听起来可能有点奇怪，它是指不正常的成熟新梢。

正常来讲，在茶树新梢的成长过程中，顶芽生长到不再展叶和停止时，芽形成驻芽，这样的新梢是正常的。但是有一些新梢，因为营养或气候的问题，萌发后只展开两三片新叶，而且顶端的两片叶片，节间很短，似对生状态，这种就被称为"对夹叶"或"摊片"。

一般来讲，高级别的名优茶是不能用对夹叶的，但大宗茶品是可以的。

12. 制作绿茶的鲜叶有何要求

一般来讲，就采摘嫩度而言，名优绿茶除某些特殊品种外，大多要求芽叶细嫩，甚至是采摘单芽；而大宗绿茶通常要求鲜叶具有一定的成熟度，大多采摘标准为一芽二叶、一芽三叶。

除此之外，就适制性而言，各种绿茶也要遵循以下要求：第一，鲜叶色泽要求深绿，且标准一致。紫色芽叶因花青素含量过高，滋味苦涩，故不适宜加工绿茶；第二，要求中小叶种为主，这样所制作的茶叶外形才能漂亮；第三，以叶绿素、蛋白质含量高，而多酚类化合物含量不高为佳，以增加鲜爽度，降低苦涩度。

13. 六安瓜片的"扳片"有何作用

六安瓜片是我国绿茶中唯一一个没有芽头，只有叶片的茶。其采摘方式与其他茶有所不同。六安瓜片的采摘传统是要连芽带叶一起采摘，然后再鲜叶扳片。所谓扳片，就是将采摘下来的嫩梢上的嫩叶片扳下，剔出芽与梗，使用叶片制作。这样进行的"扳片"有什么作用呢？

简单来说，扳片作用有三：第一，叶片大小、嫩度一致，可使茶叶品质整齐统一；第二，扳片过程耗时较长，这一时期就等于鲜叶进行了充分的摊凉，茶梗内的物质能够向叶片输送、转化，因此能使茶味更醇和；第三，扳片时将老嫩叶自然分开，在炒制上更加容易。

但是如今，受人力和财力所限，采摘方式也发生了改变，瓜片产区如今已经不再进行传统式扳片，而是在采摘的时候就直接采摘叶片了。

◀ 六安瓜片采摘的叶片

14. 白毫银针都是采单芽吗

虽然白毫银针的成品茶是单芽，外形色白如银，肥壮似针，但并非所有的白毫银针都是采摘芽头制作而成的。比如福鼎白毫银针与政和白毫银针的采摘方式就不同。

福鼎白毫银针是在茶树抽芽之后，即采肥壮单芽，再制作而成；而政和白毫银针则是在茶树新梢抽出一芽二叶后采嫩梢，随后再抽针而成。政和白毫银针抽针出的副茶（即剥下来的茶叶叶片）可制寿眉或其他茶。

也就是说，政和的白毫银针不是采摘单芽，福鼎的才是采摘单芽制作。

▲ 政和白毫银针剥针后的芽与副茶叶片

15. 白茶一般什么时候采摘

茶类的品质优劣与采摘时间密切相关。就白茶而言，白毫银针采摘时间比白牡丹早，白牡丹的采摘时间又比寿眉早。

一般来讲，白茶可采春、夏、秋三季，以春茶品质最优，产量最高。采春茶的时候，闽东地区如福鼎，在清明前后采摘，而闽北地区如政和，则于谷雨前后采摘；夏茶则于芒种前后采摘；秋茶则自大暑至处暑采摘。

不过，在如今的白茶产区，通常主要还是在春季采摘制作白茶，其他季节亦有制作，但品质并不算佳。

杀青

1. 什么是杀青

提到杀青，很多人首先想到的是电影拍摄结束。但是这里所说的杀青可不是电影的杀青，它是制作绿茶、黄茶、黑茶时的第一道工序，也是极为关键重要的工序。

杀青是利用高温迅速破坏酶的活性，制止多酚类化合物的氧化，令鲜叶快速散失水分，使叶片变得柔软，为揉捻成形做准备的一道工序。其目的是去除青臭味，使茶叶散发清香。

▼ 杀青

2. 杀青里的"青"是什么意思

我们都知道杀青是许多茶类的第一道工序,那么杀青里的"青"字,是什么意思呢?

通常,杀青的"青"指的是鲜叶,即茶青。但是另一方面,因为杀青是制茶工序里极重要的一道,目的是利用高温使茶叶散发清香、水分散失、钝化活性酶,为下一步工序做准备。而这里的使茶叶散发清香,则是指利用高温,使茶叶鲜叶里的低沸点芳香类物质挥发,形成或留下高沸点的芳香类物质。比如,鲜叶中的青叶醇,具有浓烈的青草气,而高温杀青后则形成反式青叶醇,因此杀青后才能使鲜叶的"青臭"转为茶的"清香"。

因此,许多杀青不到位的茶,具有的一股青气,而非清香。

3. 什么样的杀青叶才算杀青适度

杀青是许多茶类的制作基础,杀青适当与否直接影响茶叶品质,因此杀青叶的质量就很重要了。那么,什么样的杀青才是适度的呢?

通常,杀青程度适当的叶片特点为:颜色转为暗绿,折梗不断,摸起来绵软、略有黏性,闻起来青草气转变为清香味,手握鲜叶成团不散,略有弹性。那种嫩梗一折即断的杀青叶,则是杀青不透的表现了。

4. 蒸汽杀青与锅炒杀青在工艺上有何区别

中国和日本都生产蒸青绿茶,而所谓蒸青绿茶,即用蒸汽杀青的方法制作的绿茶。那么蒸汽杀青与锅炒杀青有什么异同呢?

首先,二者都是高温杀青,利用高温破坏了酶的活性,保持叶片的色泽,令茶叶去除青草气,散发清香。但是,锅炒杀青是干热杀青,其中有一个重要目的即散失水分,令叶片变得柔软,为下一步揉捻做准备;而蒸汽杀青则是湿热杀青,在杀青后,茶叶含水量反而会增大。因此,与锅炒杀青的下一步是揉捻不同,蒸汽杀青后的茶叶还需要有一步去除水分(除湿散热)的工序,去除水分的方法有鼓风扇凉、加温抖干等。

以上就是锅炒杀青和蒸汽杀青最主要的区别了。

5. 蒸汽杀青（蒸青）一般蒸多长时间

因杀青方式不同，蒸汽杀青会比锅炒杀青时间短得多。一般来讲，蒸青时间的长短，是根据鲜叶原料的老嫩度而定的。通常，杀青时间为40～50秒，如果是较粗老叶片，则可长达60～90秒，具体杀青时间，还需以杀青程度适宜为准。但是无论老嫩，皆需蒸青适度，品质才较优良。

蒸青叶片以叶色青绿、折梗不断、有黏性、有清香、无青草气为宜。

如果蒸青时间过短，则蒸青不足，酶活性未完全破坏，蒸青叶片很容易红变，品质下降，且梗折即断，揉出的茶汁有青草气；但如果蒸青时间过长，则蒸青过度，叶片由绿转为黄褐不说，滋味也会淡薄，香气低沉不高。

6. 绿茶为什么要"高温杀青，先高后低"

阅读茶书的时候，往往看到杀青要求"高温杀青"，温度要求"先高后低"，为什么会这样要求呢？

杀青时，采取高温是为了彻底破坏酶的活性，让茶叶保持绿色，而不会变黄、变红；同时，高温时，许多低沸点、具有强烈青草气的顺式青叶醇和青叶醛

▲ 普洱茶锅炒杀青

会挥发，使高沸点、具有花香或水果香的物质透发出来，令茶叶具有很好的香气特质。但是如果一直采取高温杀青，那么茶叶在杀青后半段则容易因为失水过多而破碎，同时也极容易让叶子烧焦冒烟，影响茶叶品质。所以在杀青后期会降低温度，不再保持高温。

因此，绿茶杀青通常采取的是"高温杀青，先高后低"的方法。

萎凋

1. 什么是萎凋

萎凋是制作白茶、红茶、乌龙茶的第一道工序，目的是适当地蒸发水分，使叶片柔软；浓缩茶汁，增加叶片里酶的活性；散发去掉青草气，增加茶叶的清香气味。

萎凋一般利用自然的方式，不过度地人为参与。萎凋方式以日晒或室内通风居多，如果天气不好，也可利用机器加温萎凋。

萎凋程度以白茶最重，红茶次之，乌龙茶再次之。

▲ 日晒萎凋

2. 乌龙茶萎凋工序里的"晒青"有何作用

乌龙茶里所提及的晒青是指萎凋的过程之一。乌龙茶的萎凋分为"晒青"和"凉青"两个过程。其中晒青对于乌龙茶的品质形成十分关键：第一，可使鲜叶快速散失部分水分，使叶片与梗的含水量扩大，为做青做准备；第二，加速化学和物理反应，如光化学反应、酶促反应、湿热反应等，以提高香气和去除苦涩滋味等。

3. 乌龙茶萎凋工序里的"凉青"有何作用

凉青是乌龙茶萎凋工序里的另一个过程，通常在晒青或者加温萎凋之后进行，其目的有四：第一，降低叶温，避免叶片发生红变，变成"死青"，即叶片无法继续走水制作；第二，促使叶表面水分蒸发，使叶内部的水分平衡分布；第三，促使多酚类、色素类等内含物质发生酶促氧化、转化、水解等化学变化，使香气成分良好转化；第四，使梗中的成分随着水分往叶片输送，使晒青叶从疲软状态渐渐复苏。

乌龙茶里的凉青工序必不可少，是形成乌龙茶独特品质的重要工序之一。

问茶
茶事小百科

50

揉捻

1. 什么是揉捻

揉捻是几乎所有茶都会有的一道工序，在制茶过程中十分重要。它利用"揉"和"捻"的手法，使茶叶面积缩小，卷成条形。一方面揉捻可以为茶叶形状打下基础；另一方面揉捻可以适度地破坏叶片组织，揉出茶汁，冲泡时增加茶汤的香气和味道。

▼ 揉捻

茶叶是怎么做成的

51

2. 黄山毛峰有揉捻工序吗

许多人受到一些误导，认为黄山毛峰的制作工序是杀青—揉捻—烘干，其实并非完全如此。

无论是以前的标准，还是现在的名优茶生产；无论是过去的手工制茶，还是如今的机械化生产，一直以来，级别高的黄山毛峰，比如特级黄山毛峰，即选料为单芽或一芽一叶初展的茶叶原料，其制作工艺都是：杀青—理条（做形）—烘干。其中理条，也就是做形，即过去所说的"带把子"，和揉捻是完全不同的概念。

只有级别低的原料，比如一芽二叶、一芽三叶等原料，其制作工序才是：杀青—揉捻—烘干。这样的原料，揉捻后会使茶条更细紧，外形好看不说，茶汁能够溶出，令其滋味浓郁。这样揉捻并烘干后才可做出茶叶之香、味，使其独具特点。

3. 炒青绿茶在揉捻时，茶叶温度是多高

通常来讲，杀青后的茶叶，揉捻分成热揉、冷揉和温揉三种。

热揉，即杀青叶不经摊凉，直接揉捻；冷揉，即杀青叶经过放置使温度降低，再进行揉捻。那么热揉和冷揉分别在什么时候进行呢？不同的杀青叶应采取不同的办法。一般而言，嫩度高的叶子，揉捻时容易成条，热揉的时候容易使叶色变黄，产生水闷气味，故通常采取冷揉的方法；而嫩度低的叶子，因为淀粉含量高，在温度低时难以成条，温度高时有利于淀粉糊化，利于和其他物质融合，纤维素较容易成条，故往往采取热揉的方法。

同时，我们常见的杀青叶，比如一芽二叶、一芽三叶的选料，属于中等嫩度，宜采用温揉，即杀青叶稍经摊放，叶片尚温时揉捻为佳。

渥堆和渥红

1. 什么是渥堆

渥堆是制作黑茶的重要工序，是形成黑茶的色、香、味的关键。其中，"渥"可以理解为在屋子里洒水，"堆"可以理解为堆积。这样一来，渥堆的茶叶就能够产生热量、进行氧化，微生物也能够参与物质的转化。因此，渥堆的实质，可以理解为微生物、酶、湿热等多种因素互相作用，令茶叶内含物质发生转变的过程。这道工序能够使多酚类化合物氧化，去除部分苦涩，使滋味变得醇和有甜味；并使叶色由暗绿转为黄褐，而汤色呈现红浓等。

2. 渥堆和渥红有何区别

同样都是全"发酵"茶，很多人会产生疑惑：红茶的"发酵"和黑茶的"发酵"有什么不同呢？

首先，红茶的"发酵"确切来说，叫作渥红；而黑茶的"发酵"确切来说，叫作渥堆。渥红是制作红茶的关键工序；而渥堆则是制作黑茶的关键工序。

其次，渥红是以酶促氧化为主的化学反应；而渥堆的反应主要是非酶促氧化，以及湿热反应、微生物作用等。这二者的反应机理是完全不同的。

最后，一般来讲，渥堆是在常温下，利用茶叶自身产生的热量、水分进行化学反应，对于外界环境的温度、湿度、空气等条件要求正常；而渥红则需要外部环境保持高温高湿，乃至于通风、通氧等，以便茶叶发生化学反应。

以上便是红茶渥红和黑茶渥堆的不同之处。

3. 红茶工艺里"发酵"的实质是什么

从学术语言来讲，红茶里的"发酵"，正确的叫法应当是"渥红"。

在以前，许多人以为红茶之所以能够变红，是微生物的作用，而微生物分解复杂化合物，即称作发酵。但是后来实验证明，红茶红变的实质，是茶叶的细胞组织受损，引起了多酚类化合物的酶促作用，并产生了一系列的化学反应形成的。它不是微生物的发酵，也不是单纯的化学反应。因为发酵一词广为流传，世人皆用之，但是确切而言，用"渥红"更准确。

▼ 渥红

做青

1. 做青和炒青有何区别

简单来讲，"炒青"是绿茶的一种，是指经过了高温杀青，然后揉捻、干燥而成的炒青绿茶；而"做青"则是制作青茶的一道工序，是形成青茶独特品质的关键。

但是，要注意的是，青茶的制作工序中有一道也叫"炒青"，它是在做青之后，制止酶促氧化反应的一道重要工序，也是青茶"绿叶红镶边"形成的原因之一。

2. "绿叶红镶边"是怎么形成的

"绿叶红镶边"是青茶的品质特点，那么它是怎么形成的呢？

青茶区别于其他茶类的关键就在于做青的工序，而鲜叶在萎凋后做青时，叶片相互碰撞，叶缘细胞擦破、碰坏，多酚类氧化物发生酶促氧化反应，叶缘擦破部分则由绿变红；做青结束后，经炒青工序，这道工序类似绿茶杀青，用高温破坏酶的活性，使叶片细胞组织未遭到破坏的部分保持青色。这样先"做青"令叶缘细胞破裂氧化变红，再经"炒青"高温钝化酶活性，使未变红的叶片保持绿色，就是"绿叶红镶边"的由来。

3. 乌龙茶里的炒青是怎么回事

　　乌龙茶的制作工序是：鲜叶—萎凋—做青—炒青—揉捻—干燥。在做青之后的炒青工序，则叫很多人迷惑不解，不明白它与绿茶制作工序中的杀青有什么不同。

　　乌龙茶里的炒青，它的目的与绿茶的杀青工序相似，却又不完全相同。绿茶的杀青，需要在鲜叶时即用高温破坏酶，阻止酶促反应，以形成炒青绿茶的品质特点。

　　而乌龙茶里的炒青，则是在做青之后，在叶缘部分经过部分酶促反应后，再用高温破坏酶，阻止酶促反应继续。这也是乌龙茶能够形成"绿叶红镶边"的原因。这一工序也能够进一步破坏叶绿素，使部分多酚类物质受热加速氧化，使青气消失，并使新的高沸点芳香物质得到发展，形成新香气等。

干燥

1. 制茶里的干燥是什么

干燥是制茶过程中的最后一道工序，目的有二：一是去除水分，使茶叶达到足够干燥，以便储藏；二是在前面工序的基础上，进一步形成茶叶特有的色、香、味、形。

干燥有多种方式，最常见的有烘焙干燥（如黄山毛峰）、锅炒干燥（如西湖龙井）、日晒干燥（如晒青绿茶）三种方式。

▼ 黄山毛峰的烘干

贰 茶叶是怎么做成的

▲ 烘焙干燥传统只有炭焙。科技发达了后，现在包括炭焙和电焙两种烘焙干燥方式，图为炭焙干燥

▼ 普洱茶的晒干

2. 制茶时，干燥温度应为多少

任何茶叶的最后一道制作工序都是干燥，而干燥温度的高低与茶叶品质有很大的关系，这需要有经验的技术工人随时掌握调整叶温变化。一般来讲，叶温的变化范围，高的在70～80℃，低的则在40～50℃。

如果干燥温度过高，则茶叶外层先干，里面则凝结水蒸气，难以干透，形成"外干内湿"的茶叶，这样的茶叶易出现香味劣变、茶色干枯的现象，储存时也更易发霉。同时，温度过高，也容易产生老火味，乃至于有焦气味，甚至烟味等。而如果干燥温度过低，则水分蒸发慢，茶叶内含物质无法进行充分的热化学反应，制成的茶叶香味低淡，喝起来也不爽快。

因此需要将茶叶的干燥温度控制在一个合适的范围内。

3. 不同的干燥温度会给茶叶带来怎样的品质特点

茶叶干燥的时候，叶温会影响茶叶内含物质的热化学反应。而不同茶叶的叶温都有高温、中温、低温的不同范围。

一般来讲，高温易产生老火香味、锅巴香或炒豆香味；中温易产生熟香味，如绿茶的熟板栗香味、红茶的蜜糖香味；低温易产生青香味，比如绿茶的兰花香味、红茶的青香味。

需要注意的是，叶温高可以消除水闷气、青草味、粗老味等不良气味，但同样也会使良好的香味物质损失，降低茶叶的品质。所以一定需要严格把握和调节制茶时的干燥温度，不然就很容易造成不良的品质。

4. 茶叶中的焦味是怎么产生的

茶叶中如果有焦味就是品质不好的表现，其焦味的来源主要有三个方面：第一，杀青时温度和时间把握不当，温度过高，时间过长，制作出来的茶叶就容易产生烟焦味。第二，机器加工时，机器中残留有茶碎末或其他夹杂物，制作茶叶时，茶碎末或其他夹杂物受热焦煳，茶叶也会吸收进而有焦味。第三，炭火烘干时，生火时未及烟焦味散尽就上焙笼烘干，或者烘干过程中，翻茶叶时不小心有细小茶叶或碎片掉进火中，就会有烟焦味出现，那么正在制作中的茶叶就会走烟，吸收了烟焦味。

5. 为什么茶叶不一次足干，要分多次干燥

去过茶厂的人都知道，茶叶的干燥不是一次就干到底的，而是分两次乃至多次完成。这主要是因为茶叶干燥既是水分蒸发的过程，也是热化学变化的过程，同时也是茶叶固形的过程。因此不同茶叶因其所有内含物质不同，需要采取的干燥方法和技术也就不同。

如果是仅仅单次干燥，很容易会产生外表看起来足干，而茶叶内却仍含有水蒸气，实际并未足干的情况。因此根据茶叶干燥的不同阶段状态，会分多次进行干燥。一般来讲，干燥温度会采取先高后低的方法，干燥次数通常分为两次或三次，也有分为四次甚至五次的。如果是两次干燥的话，一般将第一次干燥称为毛火，第二次干燥称为足火。

6. 为什么茶叶要求含水量

茶叶的储存需要达到一定干度（含水率），如果干度不够则不合格。这是为什么呢？

因为若制成后的茶叶含水量过高，则茶叶非常不易储存，极易发霉变质，品质劣变。但含水量也并非越低越好，如果含水量过低，茶叶里其他各类成分物质会直接暴露于空气中，氧化加速，茶叶同样也会较快变质。所以，许多茶叶的含水量会要求保持在3%～5%，这个含水量，既能够保证茶叶不吸收空气中的水分，也能保证茶叶不被自身所含的水分所影响。

7. 武夷岩茶里的"文火慢炖"是什么

武夷岩茶的干燥分为毛火干燥和足火干燥，其中足火干燥采取的是低温慢焙的方法，待焙到足干时，则进入"吃火"工序，即人们所说的"文火慢炖"，也称为"炖火"或"焙火功"，是传统岩茶制法中必不可少的重要工序。它是指在

岩茶达到足干的基础上，连续长时间地进行文火慢炖。它不仅能去除茶叶水分、保持内质，对增进岩茶的汤色、提高茶汤的滋味醇度、促进茶香的熟化等，都能起到良好的效果。

但需要注意的是，吃火（即文火慢炖）必须在足干时进行，否则很容易将水蒸气闷在茶中，不仅会使茶叶的叶色变黑，更容易产生闷味，使品质低劣。

8. 白茶都是晒干的吗

许多人以为白茶都是晒干的，其实不然。以白毫银针为例，政和与福鼎的做法就不同。

政和白毫银针，是将鲜叶通风萎凋或在微弱阳光下摊晒萎凋，至七八成干的时候，再移到烈日下晒干，一般需要两三天方能完成。如果天气不好，则需用文火烘干。

而福鼎白毫银针则是将鲜叶放在阳光下暴晒一天，达到八九成干，剔除青色的芽叶后，再用文火烘焙而成。

因此，简单地说白茶都是晒干的并不确切，何况除了白毫银针外，白牡丹、贡眉、寿眉等制法亦有不同。或者这么说才比较准确：除了政和白毫银针在天气非常良好的情况下，是晒干的之外，其他的白毫银针、白牡丹、寿眉等都是需要利用文火干燥的。

◀ 白毫银针的烘干

貳
茶叶是怎么做成的

其他

1. 什么是"后发酵"

你也许听说过绿茶是"不发酵茶",红茶是"全发酵茶",那么"后发酵茶"是什么呢?

一般而言,茶叶制作过程中的"发酵"是指茶叶里氧化酶的酶促反应,比如乌龙、白茶、红茶就是通过这种"发酵"制成的;而另一种"发酵"则是在经过高温杀青破坏了酶的活性之后产生的,如"闷黄""渥堆",以及在茶类储存过程中所产生的,是一种非酶促氧化。原本为了区别这两种不同,往往会将杀青后的"发酵"叫作"后发酵"。但是如今普洱茶"后发酵"的概念渐入人心,所以在普洱茶的国标内,将"后发酵"定义为:"云南大叶种晒青茶或普洱茶(生茶)在特定的环境条件下,经微生物、酶、湿热、氧化等综合作用,其内含物质发生一系列转化,而形成普洱茶(熟茶)独有品质特征的过程。"

2. 武夷岩茶与安溪铁观音在制作工艺上有何区别

武夷岩茶是闽北乌龙的代表,安溪铁观音是闽南乌龙的代表。

作为乌龙茶,这两种茶的制作流程大致相同,具体为:萎凋—做青—炒青—揉捻—干燥。但是闽北乌龙与闽南乌龙,无论是外形还是滋味,都明显不同,主要原因就是制作工艺细节的不同。简而言之,闽北乌龙的工艺特点是:重晒青,轻摇青,"发酵"程度相对较重,没有包揉造型工艺;闽南乌龙的工艺特点是:轻晒青,重摇青,"发酵"程度比闽北乌龙要相对轻一些，揉捻后有包揉造型工艺。

以上便是武夷岩茶与安溪铁观音制作工艺上的异同。

3. 什么是涌溪火青的"掰老锅"

"掰老锅"是涌溪火青制作里的关键工序。其特点是低温长焙，即在茶叶杀青揉捻完毕后，采用旋转翻炒的手法，利用翻、转、挤、压的手法，低温持续炒制10～12小时，直至茶叶颗粒紧结腰圆、色泽绿润，形成珠形茶的独特外形特征。

一般来讲，掰老锅临出锅前，应适当提高温度，以利散发茶叶的香气。

4. 什么是西湖龙井的青锅和辉锅

一般来讲，制作西湖龙井茶，分为摊放、青锅和辉锅三个阶段。

青锅，即青叶入锅炒制，此步骤目的是杀青和初步做形，让茶叶成条、压扁和成形，七八成干即可起锅。

辉锅，则是将茶叶进一步整形和炒到足干的工序，因此温度会比青锅低。一般来讲，三个青锅合为一个辉锅。此步骤以整形为主，因此要格外注意炒制的手势和动作，要达到手不离茶、茶不离锅的状态，直至茶叶茸毛脱落，形成扁平光滑的品质特点，并散发茶香，折之即断方可出锅。

5. 什么是六安瓜片的拉老火

六安瓜片的特殊之处，除了鲜叶扳片之外，还有制作工艺之中的拉老火。

通常，制作六安瓜片的烘焙过程分毛火、小火、老火三步。其中以拉老火尤为重要，它在小火之后一两天甚至三到五天后，才进行拉火。

一般而言，拉老火的火是明火，火温要比毛火和小火高，且要求火力均匀。每个烘篮盛三四千克茶叶，每篮茶要罩烘五六十次，甚至更多。直至所烘的瓜片茶表面起霜，手捏即成粉末才是足干。

拉老火极为考验拉火师傅的手艺，如果拉老火过度，则茶叶品质低下，汤色发黄；如果拉老火不足，则香低味淡，茶叶有青味。

◀ 六安瓜片拉老火

6. 花茶窨制的原理是什么

花茶窨制，就是将香花和茶叶混合均匀，在静止的状态下，茶叶会缓慢地吸收花香，然后去掉花朵，把茶叶烘干制成花茶。

其加工原理是利用鲜花吐香和茶叶吸香的特性，将茶味和花香妥善完美地结合，达到"茶引花香，以益茶味"的效果。

7. 窨制花茶时，可以用干花吗

一般来讲，窨制花茶的香花用的都是鲜花，因为其含水量高，新陈代谢快，吐香能力强，香气鲜锐芬芳，令人愉悦。

不过，有一些鲜花经过烘干后，虽然鲜爽度低，却香气浓郁，香型也接近鲜花，如珠兰花、桂花等，这样的花干（即经烘干后的鲜花）则可以带花复火烘干；而在两种状态下（干花和鲜花）香型完全不同的香花，如茉莉花等，窨制茶时则必须用鲜花，倘若窨茶后未出花而烘干，则窨制的花茶品质低劣。

8. 窨制花茶对茶叶有什么要求

不同的茶类具有不同的芳香物质，因此窨制花茶的茶叶，既需要吸收花香，也需要保留茶香，即需要茶香和花香协调交融，这样才能形成独特且品质好的花茶。

一般而言，陈茶、日晒茶、高火烟焦茶、粗青气味重的茶等，因气味浓烈且不愉悦，与花香不协调，会强烈地掩盖花香，因此并不适合用来制作花茶。

另外，受工艺和茶类品种的影响，茶叶具有的芳香物质不同，其对于香花的亲和力、衬托力亦有不同。比如就窨制茉莉花茶而言，烘青最佳，乌龙其次，红茶最次；而红茶窨制玫瑰花反而很好。因此窨制花茶的茶叶需要根据制茶工艺、茶类等综合考量，才能制出高品质的花茶。

9. 茉莉花茶有"七窨""九窨"的说法，"窨"的次数越多越好吗

爱喝茉莉花茶的人都知道，不同于以前，"双窨茉莉"都已经算是很好的茉莉花茶了。在如今市场上，流行的茉莉花茶，都号称"七窨""九窨"，那么"窨"

▼ 茉莉花茶

的次数越多越好吗?

一般来讲,越是高级的茉莉花茶,窨数越多。因为高级的茉莉花茶选料级别较高,其吸附香气能力较弱,需多遍窨制才能窨进花香。但是,这并不代表窨数越多就越好。茉莉花茶的品质不仅由窨数决定,还需要考虑茶坯原料是否容易吸香、窨制技术是否到位、窨制时下花量多少等因素。

所以,"七窨""九窨"的茉莉花茶不代表一定好,低于这个窨数的茉莉花茶也不一定差,关键还要看茶叶本身的品质。

10. 什么样的花可用来窨制花茶

一般来讲,只要对人体无害,且有益于健康,具有芬芳的香气、香味浓郁纯正的香花,都可以用来窨制花茶。比较常见的茶用香花有茉莉花、珠兰花、桂花、玫瑰花、白兰花等。其中尤以茉莉花茶最为大众所知,其茶味鲜醇爽口,为其他花茶所不及,市场普及度甚广。

11. 拼配茶是什么茶,品质好吗

许多人以为拼配茶就是不好的。其实,与其觉得拼配不好,不如先了解一下为什么要拼配。

拼配是一种毛茶再加工的方式,本质而言,拼配是利用不同地区、不同等级甚至不同类别茶叶所具有的不同特点,通过拼配,起到品质互相调和的效果,保证茶叶具有商品性质,具有长期的品质稳定性。

因此,拼配具有很高的技术含量,其主要目的有三:一是为了保证产品的质量;二是合理利用所有毛茶,以提高产量;三是为了保证每年、每季、每批的同类茶品质稳定。

为保证大宗茶品的产品产量和品质,拼配行为必不可少。同样其缺点也很明显,即缺少茶品的地域性、特异性等特点。

因此,与其武断地认为拼配茶品质不好,不如更客观地看待拼配,了解茶品拼配与否的不同状态后再下结论。

叁

如
何
泡
茶

水为茶之母

1. 泡茶用水有什么讲究

都说泡茶的水也很重要，有"水为茶之母"的说法，那么泡茶用水有什么讲究呢？

在唐代，陆羽的《茶经》有述："山水上，江水中，井水下。"因此可知，泡茶用水以山泉水为佳，如果现代人取水不便，那么用纯净水或者过滤后的水，也是不错的选择。但是如果条件实在不允许，只有自来水的话，那么就将自来水接好后，晾一夜后再烧开使用，会比较好。

一般来讲，泡茶时候的水一般采取现沸现泡，以达到100℃的开水为宜，但需注意不宜多次烧开。

▶ 市面上常见的饮用水，
为茶课对比冲泡

另外，细嫩绿茶、红茶和一些名优茶，可适当降低水温，以及适当开盖，以免产生熟闷气味。

2.《红楼梦》里，妙玉说的"旧年蠲的雨水"是什么水

《红楼梦》一书关于茶的内容有许多，以"栊翠庵茶品梅花雪"一节最为著名。这一节中，贾母问泡茶水是什么水，妙玉答曰"旧年蠲的雨水"。妙玉自苏州来，贾母又是江南人氏，妙玉"旧年蠲的雨水"一说，贾母心领神会，不再说话。吴地苏州民间有储备梅雨水以供烹茶的旧俗，此旧俗有典可查，如明朝许次纾在《茶疏》中有载："贮水瓮口，厚箬泥固，用时旋开，泉水不易，以梅雨水代之。"因此可合理推测，"旧年蠲的雨水"或指上一年收集的梅雨时节的雨水。

3. 什么样的水是好水

《大观茶论》有云："水以清轻甘洁为美。"所谓"清"，即"澄之无垢、挠之不浊"；所谓"轻"，即"质地轻、浮于上"；所谓"甘"，即尝之甜美，无苦、涩、咸等别味；所谓"洁"，即清洁、干净。除此之外，"有源有流"、具有清冽寒意的活水，也是好的泡茶用水所不可少的条件。简单来讲，软水、活水、比较甜和凉的山泉水泡茶比较好。

但是并不绝对，具体哪种水泡茶更好，还是要试过才知道。

◀ 在桐木关麻粟深山里的
　 山泉水

4. 为什么硬水泡茶不好喝

所谓硬水，是钙、镁离子的浓度大于8毫克/升的水。

钙离子和镁离子会对茶叶的物质溶出产生影响。通常，钙离子能够与茶里的多酚类物质结合，进而抑制茶汤物质的溶出，使茶汤喝起来滋味钝而淡薄。另外，水的硬度（水中钙、镁离子的浓度）也会影响茶汤的汤色，钙、镁离子使茶里面的茶黄素类物质自动氧化，使汤色发暗的同时，滋味也失去鲜爽度。而滋味淡薄、不活、不鲜爽，汤色发暗等都是茶叶品质低劣的表现，因此以上便是硬水泡茶不好的缘由了。

5. 什么是二沸水

许多人都听说过泡茶要用二沸水，却不知道二沸水是什么意思。需要特别注意的是，二沸水不是沸腾了两次的水。

二沸水之说，来自唐代茶圣陆羽的《茶经》："其沸如鱼目，微有声为一沸，缘边如涌泉连珠为二沸，腾波鼓浪为三沸，已上水老不可食也。"可以看出，陆羽认为，一沸水太嫩，三沸水太老，只有二沸水泡茶时，水不老不嫩刚刚好。不过，现如今，茶叶形态与煮水方式均发生了改变，现代人很难控制在二沸水的状态时刚好泡茶，因此往往采取的办法是先让水完全沸腾后离火，待水面静止再泡茶。

▶ 三沸水

器为茶之父

1. 泡茶用具有什么讲究

"水为茶之母，器为茶之父"，我们前面说了泡茶用水，那么既然茶具也很重要，又有什么讲究呢？

其实，泡茶用具多种多样，常见器具的材质有陶、瓷、玻璃、金属、玉石、木质等。其中以玻璃杯、陶瓷盖碗、紫砂壶等为最常见的泡茶器具。

一般来讲，选料极好、需要观赏的茶，用玻璃杯冲泡较好，如碧螺春、黄山毛峰等；对温度要求不高或试茶的时候，选用盖碗比较好，比如红茶、白茶等；紫砂壶则更适合冲泡对温度要求很高的茶，如普洱茶、六堡茶、武夷岩茶等。

2. 紫砂壶的造型有哪些

紫砂壶按照造型可以分为三类：光壶（光货）、花壶（花货）、筋囊壶（筋囊货）。

光壶指按照几何形体制作而成的紫砂壶，一般分为圆器与方器两种。经典壶型有石瓢壶、仿古壶、掇球壶等。

花壶指按照自然界中动植物的天然形态，通过浮雕、半浮雕等造型装饰设计成仿生形象的茶壶。经典壶型有印包壶、南瓜壶、供春壶等。

筋囊壶则是自然型与几何型的壶式按照一定规则结合而成，以几何型壶为基本型，在其俯视面上依一定的方式或比例划分成若干等份，再用相应的曲线组合成各种形式的平面图案，以平面图的凹凸轮廓为出发点，向壶体的立面延伸。

3. 金属茶具能泡茶吗

法门寺曾出土过一套鎏金茶具，可谓是金属茶具中的珍品。因此，很多人都心生疑问：金属也能做茶具，用来泡茶吗？

在唐代，陆羽所著《茶经》里就有关于金属茶具的记载，但从宋代开始，人们对金属茶具则褒贬不一。尤其从明代开始，制茶工艺发生了巨大的变化，随着茶类的创新、饮茶方法的改变，以及文人审美情趣的主导，陶瓷茶具渐渐地成为主流，金属茶具则渐渐消失。尤其是用铁、铜、铅、锡等金属茶器来泡茶时，会被认为"茶味走样"。

因为金属可能会与茶叶中的某些化学物质产生反应，进而影响茶叶真味，因此金属茶具通常不会用来泡茶。

不过，虽然用来泡茶被认为不佳，但是金属制成的煮水器、茶仓、茶罐、茶则却屡见不鲜，颇为常用。

▼ 金壶

4. 为什么说紫砂壶泡茶好喝

紫砂壶为极常见的泡茶器,《长物志》说它"既不夺香，又无熟汤气"，因此用来泡茶甚佳，能得茶之真味。

紫砂是一种具有双重气孔结构的陶，因此制成的壶既有透气性又不漏水。所以用紫砂壶泡茶会好喝。泡茶后，即便是暑天，也能隔数夜不馊。也正因如此，用新的紫砂壶泡茶，茶壶就会吸收一部分茶味，同时茶汤能够吸收新壶之中的火味和土味，会使茶的滋味不佳。所以紫砂壶在真正投入使用前，都需要用茶养一段时间，称为"养壶"。

5. 如何挑选紫砂壶

紫砂壶作为泡茶器物，是既有实用性，又有审美性的艺术品。通常以紫色、红色、黄色最为常见，在选紫砂壶的时候，要注意除了自然产生的泥味、火味之外，紫砂壶是不得有其他任何异味的。色泽鲜艳的紫砂壶，尤其要注意是否有化工原料的味道。

就实用性而言，紫砂壶的做工要求口盖严密、便于执握、出水圆润流畅，不可有涎水、出水断续、打麻花等现象。除实用性外，紫砂壶亦有艺术性，因此壶器型的高低、肥瘦、方圆等形态不一，各有所美，很需注意"形神气态"四字，形即形状优美，神为神韵生动，气指气质优雅，态则是指形态端正。这样的紫砂壶，才是既有实用性又具审美性、值得欣赏的器具。

▼ 不同形态的紫砂壶

6. 新的紫砂壶怎么开壶和养壶

新的紫砂壶一般都会具有泥味和火味，这样的壶泡茶会吸茶味，所以拿到一把新壶后需要开壶和养壶。

很多人开壶、养壶会采用煮豆腐或煮茶的方式，这样的话，前一种方式或会留下豆腐味道，后一种方式则过于急躁，茶汁很容易溶出堵塞紫砂壶的气孔，使紫砂壶不再透气。

一般来讲，用不急不缓、自然的方法开壶，则更恰当。

具体方法为：用盆或缸盛满清水（山泉水为宜），壶里也装满水，壶、盖分离浸泡于盆或缸中。其间，视情况看浸泡用水是否有异杂味、生苔藓变质等而决定是否换水。待浸泡后，轻嗅紫砂壶的气味，等壶中不再有味，这时候即开壶适宜，此过程一般历时7～14天。

开壶后，为了品尝到较好滋味的茶汤，仍不能急着使用，还需用茶养壶。在养壶前，需考虑好用这把壶泡什么茶，然后再用壶来冲泡此类茶，或把茶水倒进壶内滋养。养壶周期与每次养壶时间和频率有关，并没有严格的限定。

另外，虽然一把壶泡一类茶更适宜。但事实上，并没有严格规定，具体要视个人经济条件和拥有紫砂壶的数量而定。

▲ 养壶

7. 紫砂壶泡茶有讲究吗

紫砂壶有多种多样的形态，高矮胖瘦不同、口盖腹肚不一，壶壁厚薄亦有不同，那么不同形态的壶分别适合泡什么茶呢？

一般来讲，口大、身矮、壁薄的壶形，因为散热较快，适合泡容易烫闷的细嫩茶，比如绿茶、白毫银针等；口小、身高、壁薄的壶形，适合冲泡香高的茶，如铁观音、凤凰单丛等；口小、肚大、壁厚的壶形，则适合需要高温冲泡的茶，比如老普洱、老白茶等。

但是以上种种，并没有严格的规定，需要泡茶者对于器和茶有较为基础的了解和判断，这样才比较容易把握。

▼ 从左到右依次为：口小、身高、壁薄；口中、肚圆、壁薄；口大、身高、壁厚

8. 紫砂壶能泡绿茶吗

许多人以为紫砂壶保温性能好，只能冲泡对水温要求高的乌龙、普洱等，而绿茶这种对水温要求没那么高的茶就不适合。其实不然，紫砂壶是泡茶用具的一种，是能够泡任何茶的。但是，因为紫砂壶的形态、大小、高矮、胖瘦皆不同，冲泡不同的茶所需的紫砂壶也有所不同。泡绿茶的话，紫砂壶往往选择壶壁较薄、身形较矮、肚腹较大、壶口也大的紫砂壶，这样的紫砂壶散热快，相对能够满足绿茶所需水温偏低的特点。另外，用紫砂壶冲泡绿茶也是需要冲泡技巧的，比如注水要柔细，注满水及出汤后，及时打开壶盖，以免温度过高，让茶叶烫熟闷黄等。

9. 紫砂壶和盖碗，孰泡茶更好喝

许多人可能都有过一个疑问：紫砂壶泡茶好喝，还是盖碗泡茶好喝？

其实，这两种泡茶器具，无所谓哪个更好喝，只是因为其器型、材质不同，泡出来的茶汤有各自的风格。

▼ 紫砂壶冲泡

比如同样的茶，紫砂壶保温性能好，冲泡出来的滋味通常较盖碗醇厚，却不够清透；盖碗密封性弱，因此泡出来的滋味较紫砂壶清爽，却欠缺醇厚感。

　　因此不同的茶类，风格特性不同，对于温度需求不同，往往也会选用不同的器具。如普洱茶需要的温度较高，滋味比较浓厚，往往选取紫砂壶冲泡；而绿茶或白茶，则滋味清爽，所需水温较低，往往选取盖碗冲泡。

◀ 盖碗泡茶

泡茶的方法和技巧

1. 泡茶用开水还是温水

一般来讲，泡茶水温以开水，即100℃为宜。

有许多人提倡降温泡茶，因为这样泡出来的茶会更甜一点。不过除了现代新出的茶书，从唐代至民国，均未提及降温这点。周瘦鹃在文章里提及碧螺春，依然是"沸水一泡"的说法，由此可见降温冲泡的说法并不久远。而开水冲泡茶叶，优点是更有益于茶中高沸点香气味道的溶出，茶汤滋味会更加饱满、浓厚；缺点则是，如果茶品质不好，则更容易出苦涩滋味。

但是温水泡茶，喝起来有甜味，也会有水味，茶味不饱满，香气也不够有层次。

因此是否降温冲泡，主要还是看泡茶人对于该茶的理解和个人的口味选择。

2. 用盖碗泡茶易烫手，那么注水时，可以只注一半而不注满吗

许多人不会用盖碗，拿起来就觉得非常烫手，就问我，泡茶时能不能不注满水，只注一半呢？

如果想要得到好喝的茶，那么这样自然是不好的。

就如我们去西餐厅吃饭，餐具皆是温热的，就是为了防止新做好的食物放入冷盘时，温度会降低，从而影响食物的风味。

问茶
茶事小百科

泡茶品茶也是如此。因为泡茶非常讲究水温，如果注水只注一半，那么水温无法达到应有的温度，能够激发的茶香和茶味就不足，汤水不够饱满。

所以，如果想冲泡好喝的茶，一定要注满水。

3. 泡茶时投茶量应该是多少

要想泡出一杯好喝的茶，投茶量（即应该放多少茶叶）是非常重要的因素。一般来讲，绿茶、黄茶、黑茶、白茶、红茶的投茶量遵循茶和水1∶50的重量比例，而乌龙茶则遵循1∶22的重量比例。但需要注意的是，这个比例是专业审评使用的投茶量，作为日常饮茶来讲，可根据个人口味酌情增减。

另外，随着市场的发展，许多人遵循快进快出的冲泡方法，为了滋味的丰富，更倾向于增加投茶量。所以具体投茶量为多少，还需要视个人口味而定。

4. 泡茶时，如何判断何时出汤

刚开始泡茶，许多人都拿捏不好应该什么时候出汤。其实泡茶的时间与茶叶的种类、形状、原料的老嫩度、投茶量、冲泡水温、冲泡间隔等息息相关。

一般来讲，浸泡时间无法用准确的几秒几分来表述，而是根据开水进入盖碗或壶里后，茶叶在泡茶器里的舒展状况，通过茶叶的色、香、味来判断出茶叶的香气、滋味、浓度等，进而判断出汤时间。

如果非要给一个确切的说法，即在不了解的情况下，按照标准建议的投茶量（即绿茶、红茶、白茶、黄茶、黑茶按照茶和水1∶50的重量比例，乌龙茶按照茶和水1∶22的重量比例），遵循快进快出的办法，多次冲泡调整后，就能较好地掌握出汤时间了。

5. 什么是泡茶三投法

泡茶分为上投法、中投法、下投法三种方法，即泡茶三投法。

上投法是指先注水，后投茶；中投法是指注三分之一水量后，投茶润湿，再注满水；下投法则是指先投茶，后注满水。

▲ 适合采用中投法的六安瓜片

一般而言，不同的茶叶应选取不同泡法。明代张源《茶录》所载："春秋中投。夏上投。冬下投。"大抵是依据不同季节温度不同而选取不同的泡法。

6. 不同的茶叶应如何选取泡法

一般而言，较为细嫩且条索紧结重实的名优绿茶，如碧螺春、信阳毛尖等，采取上投法；中投法对于茶的选择性没那么强，常适用于冲泡对水温要求不太高、选料也没那么细嫩的茶叶，如西湖龙井、六安瓜片等；下投法更适合条索松散、形态舒展的茶叶，如黄山毛峰等。

7. 为什么不同的人泡同一种茶会有不同的滋味

不同的人泡相同的茶，也会有不同的滋味，这是众所周知的事情。那么为什么会这样呢？

因为泡茶是一件极个人的事情。而不同的人对于茶叶的理解和判断自然就会不同，因此哪怕冲泡器具和冲泡用水相同，采取的冲泡手法、冲泡时间也会有所不同。

而茶叶又是极细致的，一点小小的改变，就能够对茶汤滋味、味觉感受有较大的影响。

因此，不同的人泡同一种茶会有不同的滋味。

8. 茶叶为什么不耐泡

茶叶的耐泡度是衡量茶叶品质的标准之一，但是如果茶叶不耐泡，是因为茶不好吗？如果不是，那么是什么原因呢？

通常来讲，茶叶的耐泡度与以下几个方面有关。

首先，与茶叶原料有关，通常原料产地环境优异、土地肥沃的茶叶，耐泡度更好，比如高山茶通常比平地茶更耐泡；其次，与采摘时节、老嫩度相关，通常春茶会比夏秋茶更加耐泡，而一芽二叶、一芽三叶会比单芽更浓郁耐泡；再次，与制作工艺有关，比如揉捻过度导致芽叶破碎，茶汁溶出过多，这样的茶叶就没有揉捻适度的茶叶耐泡；最后，与冲泡时间有关，茶叶内含物质是一定的，如果冲泡时不注意，浸泡时间过长，那么必然导致茶叶后续不足，不耐泡。

9. 什么是醒茶

一般来讲，茶叶刚从仓库中取出，因储存时间过长，喝起来茶的活性不佳，因此饮用之前，需要将茶叶放置在自然环境里适应一两个星期后再饮用，这种方法叫作醒茶。

另外，如果茶叶发生了位置的转移，比如从南方转移到了北方，那么也需要醒茶几天，令茶叶适应当地的气候和环境，使其稳定，这样口感才会正常或更佳。

10. "功夫茶"和"工夫茶"有何区别

在过去很多古书的记录中，功夫茶和工夫茶并没有明显的界限。比如，在清代的时候，功夫茶是一种泡茶方法，这种方法有时候也会写作"工夫茶"。但是到了近代，这种泡茶方法已经渐渐统一为"功夫茶"。而工夫茶在古代时，除了有泡法的含义外，也是茶的一种。但是在现代，也已渐渐特指我国红茶的特有品种，即工夫红茶，以精制加工颇费工夫而得名。

功夫茶在如今，主要是指泡茶方法操作讲究，需要一定功夫的冲泡方法；而工夫（红）茶则特指茶类名称，不再指代冲泡方法。

11. 冷泡茶为什么不苦涩

近几年冷泡茶因方便简洁、解暑清凉而非常流行。许多人不免产生疑问：冷泡茶好吗？其实这种泡茶方法，无所谓好与坏，它只是一种方法罢了。抛去好坏不谈，为什么茶叶冷泡数小时后依然口感清甜，毫无苦涩感呢？

这主要是因为茶叶中呈苦涩的物质（如茶叶碱、可可碱、儿茶素等）几乎都是不溶于水或不溶于冷水的。所以无论你怎么长时间浸泡，只要是用冷水浸泡，它们都不会溶出让你感到苦涩的物质。这就是为什么冷泡茶喝起来会甜甜的。

当然，成也萧何败也萧何，也因为用冷水冲泡，许多茶中丰富的芳香类物质、呈味物质无法溶出，导致冷泡茶的口感不够浓厚，香气不够馥郁，也几乎没有回味。

◄ 凤凰单丛冷泡茶

肆

如何品茶

人人都可以品茶

1. 品茶是不是很难

"我不懂茶"或"我不会喝茶",是许多人初接触到茶时常说的话。其实没必要妄自菲薄,品茶并不难,我们只要能吃出食物的好坏,就能品出茶的优劣。

之所以觉得品茶难,是因为我们对茶不了解,而茶是有其评鉴体系的。我们能够吃出饭菜的好坏,是因为我们每天都在吃,已经建立了一套对于饭菜好坏优劣的评价标准。而因为不常喝茶,因此对于"什么味道属于好的""什么样的茶是好茶",并没有建立起一套标准,才会觉得难、认为自己不会品茶。

对于这部分人来说,所需要做的只是开始有意识地品茶,通过学习建立判断好茶的标准。而好茶的标准从古至今大抵一样,即要口感甘甜润泽,有回甘生津,喝起来汤水细腻、柔滑、饱满和醇厚等。

有了这样的标准,我们大部分人就都能够轻易判断出茶的好坏了。

2. "茶无好坏,适口为珍",对吗

这句话,乍听十分有理,实则谬人远矣。

许多刚刚开始喝茶的人,往往听到别人说这句话,就以为自己不需要去分辨茶,只要适口就可以。

虽然品茶确实是极个人的事情,但这句话其实并不对,因为说这句话的人,是有一个前提的,即你会品鉴。但是这个前提往往会被很

多新茶客有意无意地忽略模糊掉，绝大多数人只是用这句话来掩盖自己不会品辨这个事实。

但这是有问题的，因为不会分辨的时候，你的"适口"只是一个最肤浅的感受，这种感受很容易被别人引导。你无论说它好或不好，都是一个懵懂的状态，而不是真实的。

要知道，茶的品质是有好坏高下之分的，而所谓的"茶无好坏，适口为珍"，是指在你会分辨、懂得好坏之后，你依然喜欢，这个时候的"适口为珍"才是真正的适口为珍。

因此，这句话改为"茶有好坏，适口为珍"才更妥帖。

3. 新手应该喝什么茶

其实喝茶并没有新手该喝什么与不该喝什么之分，具体喝什么茶主要看个人的口味和喜好。

一般来讲，刚开始喝茶的新手，比较能接受的是绿茶或红茶这种相对比较清淡、不太苦涩的茶，而黑茶、岩茶等相对重口味的茶品，喝过一段时间之后的茶客比较容易接受。

另外，刚开始喝茶的新手茶客，喝茶时最好选择风味淡一点的茶叶，冲泡时也不要太浓，这样无论在口感上还是身体上，都会比较容易接受。

4. 需要准备很多茶具、经过很多程序才能喝茶吗

许多人一提起喝茶就会上升到茶文化或茶道的高雅、烦琐层面上，以为要想喝茶就得各种茶具一应俱全，方能慢慢品尝。

其实不然，想喝茶时，一个盖碗、一个玻璃杯足矣。民国时期，中华大地遍地是茶馆，普通百姓日常都会去"泡茶馆"，用一杯盖碗茶来打发时间。

喝茶原本就是一种生活方式，不用很复杂，更不用上纲上线到精神领域。因为它不仅仅是"琴棋书画诗酒花茶"，同时也是"柴米油盐酱醋茶"。

肆
如何品茶

▶ 正在出汤泡茶

5. 品茶时适合点香吗

茶与香，都是中国传统文化的重要构成部分，在品茶时点香也成了现在许多茶室流行的做法。那么，品茶时真的适合点香吗？

其实，古人说"茶有真香"，所以在品茶的过程中，一般是不提倡点香的，主要是因为怕点燃的香气和火气会影响茶味。但如果是气味微弱、淡雅，不影响茶香的熏香，或者与茶香刚好相合的香品，可以在品茶前使用，这样则可与品茶相得益彰，平添美意。但是品茶与燃香一般不会同时进行。

问茶
茶事小百科

6. 喝茶时，茶汤温度多少比较合适

喝茶时，提倡热饮或者温饮，要避免过烫或者过冷，那么在什么温度下饮用最合适呢？

有科学研究表明，饮用的温度在60℃左右最为合适，此时不仅能够较好地感受到茶汤的滋味，对于健康也更有帮助。

如果茶水温度过高，不仅容易烫伤口腔、咽喉和食道黏膜，长期的高温刺激也是口腔和食管肿瘤的一种诱因。

而冷饮的话，许多人尤其是老年人、女性和脾胃虚寒者，更要忌饮冷茶。因为茶性本寒，冷饮对于脾胃虚寒者会产生聚痰、伤脾胃等不良影响，对于口腔、咽喉、肠道等也有副作用。

因此喝茶的茶汤温度不宜过高也不宜过低，要在一个适宜的度才比较健康。

7. 不同的天气温度，对于茶汤口感会有影响吗

常常泡茶的人会发现，冬天和夏天泡同一款茶口感会相差较大。那么外部的天气温度对于茶汤口感会有影响吗？

有人做过实验，选择在不同温度（0℃、20℃、30℃、40℃）下进行绿茶冲泡，实验结果表明，茶叶中的内在化学成分，如水浸出物、茶多酚、氨基酸等含量，会随着环境的温度升高而增加。

0℃的环境下，茶汤浅绿尚亮，滋味清淡，香气较持久；20℃和30℃的环境下，香气高长，汤色绿且亮，滋味鲜醇爽口，品质较好；而40℃的环境下，茶汤欠亮，香气欠持久，略有涩味。

因此可知，泡茶与外部环境的温度还是息息相关的，不宜过高也不宜过低。茶汤浓度大，内含物溶出多，并不等于口感好，只有内含物的各组分达到一定比例时，茶汤的品质才能够表现良好。

8. 什么是茶叶审评

茶叶审评是评审茶叶品质优劣的一种方法，是在专业的审评室，由具有评茶

肆
如何品茶

▲ 图为岩茶审评，审评杯碗中为三种不同的茶叶，编号后由专业人员用汤匙分茶到各自杯中，盲审辨别哪种品质更高

资质的专业人员进行操作的。审评办法是在水质水温、审评杯碗、茶水比例、浸泡时间等因素均不变的情况下，只改变茶叶这一项变量，由专业人员通过审评茶叶的色、香、味、形后，给出评语、评分，从而选出优质的茶品。

一般会采取茶叶审评选茶的，多是茶企、茶商或茶叶科研机构等，很少有人自己在家品茶欣赏时会用审评的方法，因为审评的茶叶茶汤过浓，滋味苦涩度偏高，比较难以令人愉悦。

9. 什么是干茶、汤色、香气、滋味和叶底

通常，我们判断一个茶叶品质的好坏，会使用干茶、汤色、香气、滋味和叶底这五个术语来说明，并综合进行判断。

那么，这五点分别是什么意思呢？

干茶，指没有泡过的、依然干燥的茶叶。

汤色，指泡茶后茶水（茶汤）的颜色。

香气，指泡茶后茶叶的香气。

滋味，指泡茶后品到的茶汤味道。

叶底，泡过的茶叶残渣。

汤色

1. 如何评审茶汤的汤色

汤色是指茶叶冲泡后溶解在热水中的茶汤所呈现的色泽。

因为溶于热水里的多酚类物质和空气中的氧气接触后会很快变色，如绿茶变黄、红茶变暗、青茶变红等，因此观察茶汤汤色的速度要快。

▲ 图为红茶的汤色，下图比上图更好。上图黄红清澈，下图红艳明亮。工艺上，下图比上图的"发酵"度更高

茶汤汤色审评要从色泽、明亮度和浑浊度几个维度来进行，而不是仅仅看茶汤呈什么颜色。一般来讲，茶汤的汤色以清澈、明亮、不浑浊、少杂质为佳。

另外，通过汤色，可以判断出该茶的制作存储状况，因此观察汤色是判断茶叶好坏的重要依据。

2. 茶汤浑浊代表茶的品质不好吗

有时候我们喝茶会看到茶汤浑浊，下意识会以为这样的茶叶不好。一般来讲，品质高的茶汤应当是清澈明亮的，那么茶汤浑浊就一定代表茶汤品质不好吗？当然不是，茶汤浑浊一定要分情况来看。因为，除了品质差之外，还有两种情况也会导致茶汤浑浊。

第一，采摘的原料细嫩、茶毫多，这样的茶汤里会有许多茸毛的悬浮物使其不够清澈，显得浑浊，比如洞庭碧螺春、白毫银针等就容易有这种现象；第二，"冷后浑"现象，就是茶汤冷了之后会变浑，这种情况一般发生在高档次的红茶之中。原因是红茶里的茶黄素与咖

啡碱、茶红素等形成络合物，放冷后会显出乳凝现象，这种茶汤浑浊不但不代表品质不好，反而是茶汤内含物丰富、品质高的一种表现。

▲ 碧螺春"浑浊"的茶汤　　　　　　　▲ 太平猴魁清澈的茶汤

3. 为什么绿茶泡久了，茶汤颜色会变得特别深

绿茶的茶汤是由各种化合物，比如茶多酚、黄酮醇、花青素等构成的。这些能够溶于水的化合物，在茶汤中根据其含量多少，会呈现黄绿色或绿黄色。由于这些化合物质都极易氧化，因此如果在空气中放置久了，茶汤的颜色就会变得很深。

除此之外，若绿茶在制作过程中，杀青或揉捻程度不当，冲泡时茶汤颜色也极易变得很深，甚至会有怪味。

4. 什么是"冷后浑"

"冷后浑"是指茶汤冷却之后出现浑浊的现象，最常见的是红茶茶汤冷后会产生乳凝状物。高级别红茶的乳状凝物呈亮黄酱色，这是较为理想的"冷后浑"。

之所以会出现冷后浑，是因为茶汤里的儿茶素氧化物与咖啡碱形成了络合物，这种络合物不溶于冷水，因此随着茶汤温度的降低，渐渐析出乳状物，即"冷后浑"。"冷后浑"所带来的茶汤不清的现象，不但不能说明品质差，反而是品质上佳的体现。

香气

1. 如何评判茶叶的香气

茶叶的香气是将加工的茶叶进行冲泡后，随着水蒸气挥发出来的芳香物质的气味。

茶香多种多样，受茶树树种、茶叶产地、采摘季节、加工工艺等多种因素影响，因此每种茶均具备其独特的香气风味，比如红茶的甜香、绿茶的清香、青茶的花果香等。

就审评而言，除了分辨香型外，更应注重香气的纯异、高低、长短、层次，而不能仅凭个人对于这个香型的喜好来做判断。通常，茶叶的香气以高扬、持久，有层次变化，细而幽长为佳。

2. 茶叶里喝到的蔷薇香是怎么产生的

几年前，喝"落水沉"（涌溪火青）时，时不时会感受到茶汤具有蔷薇香，极其美好。与座同饮者，皆能感受。类似这种花香，茶里面常常都有。那么，茶里的这种蔷薇花香是如何产生的呢？

其实，在茶叶制作过程中生成的苯乙醛，其气味即蔷薇香。同时，茶中所含有的乙酸苯甲酯呈茉莉花香，苯乙酸乙酯呈甜玫瑰香等，还有许多醇类，亦呈多种花香。

因此我们很多时候能够在茶里喝到各种馥郁的花香，并不是添加香精而来，而是茶叶中自然而然具有的天然香气。

3. 什么是品种香

品种香，顾名思义，是指不同茶树品种所制茶品所特有的香气不同。一般用于描述武夷岩茶的香气。

品种香的形成，除了与其茶树品种有关，还受产茶的土地条件、制茶工艺、茶树树龄、原料老嫩等因素的影响。

在岩茶里，品种香并非一定存在且固定，比如有些茶因为工艺的原因失去了特有的品种香，就会呈现出独特的工艺香。

4. 如何闻香气

一般来讲，茶叶的色香味形是判断茶叶好坏的重要标准。

那么，香气的好坏应如何判断呢？

通常，当倒出茶汤，看完汤色后就要趁热闻香气。

闻香气一般分为热嗅、温嗅和冷嗅三个步骤，以仔细辨别香气的纯异、高低及持久程度。

热嗅是指滤出茶汤或看完汤色即趁热闻嗅香气，这个时候最容易辨别有无异气，比如陈气、霉味或其他异味。

温嗅是指热嗅及看完汤色后再来闻香气，这时候温度下降，温嗅时香气不烫不凉，最容易辨别香气的浓度、高低，要仔细地闻，注意体会香气的浓淡高低。

冷嗅是经过温嗅和尝完滋味后再闻香气，这时候温度已经很低，茶叶已经凉了，闻的时候应当深深地闻，仔细辨别是否仍有余香。如果这时候仍有余香则是品质好的表现，表示香气的持久程度好。

滋味

1. 为什么有的茶喝起来有水味

一般来讲，喝茶喝到水味都是不好的味道体现。那么，是什么导致喝茶会出现水味呢？

通常，喝茶出现水味有以下几种原因：第一，茶叶原料可能是雨水茶鲜叶；第二，茶叶制作或压制过程中，未达到完全干燥；第三，泡茶时，水温过低或不够，茶叶内含物质无法激发出来；第四，茶叶泡了两泡后，间隔时间过久，茶叶冷却后再冲泡；第五，茶叶冲泡的次数过多，内含物质大量溶出，此时再冲泡溶出物质很少。

综上，茶叶产生水味的原因有很多，甚至是多种因素综合导致的，但只要茶叶品质和冲泡技巧都良好，就能避免喝茶出现水味。

2. 为什么越好的茶，滋味越淡

很多刚刚喝茶者，常会好奇：都说某茶好，可喝起来为什么这么淡？

固然，有可能是其喝到的茶不够好，品质低，因此才淡。但是很多好茶，往往也会被说滋味淡。通常，这么说的人，往往没有分清"淡而有味"与"茶汤淡薄"的区别。淡而有味，说明一款茶的饱满度高，有着丰富的口感，内质丰厚；而茶汤淡薄则说明茶汤寡淡无味，清淡如水。这两种茶的品质有着质的区别。

我们评判一款茶，往往是从"饱满度"，而非"浓淡度"进行判

肆

如何品茶

93

断的。饱满度取决于茶叶内含物质（包括氨基酸、可溶性糖、果胶物质、蛋白质、茶多酚等）的含量，及这些内含物质的比例和口感协调度。而浓淡度与冲泡时间、投茶量等有关，跟茶叶的饱满度却没有直接关系。

一款茶的饱满度，取决于原料与做工。原料往往需要采摘时间早、海拔高、生长环境好等，这样的原料内含物质能够呈现的香气、滋味就很饱满，反之饱满度低。

3. 为什么很多茶泡到后面会很涩

不少茶冲泡多次后会比最开始的口感要涩，这是因为茶汤的滋味与茶叶中水浸出物的数量（尤其是呈味物质的浸出量）有很大的关系。

一般来讲，呈鲜甜味的氨基酸和呈苦味的咖啡碱最容易浸出，而呈涩味的儿茶素类物质浸出较慢，因此茶汤能够呈现出多种层次的滋味，并且越泡到后面则越容易感到涩。另外，口感又有强化作用，如果感觉到涩，涩又化不掉，那么随着饮茶量的叠加，儿茶素的浓度会叠加，则涩感也会越来越明显。

另一方面，这与茶叶制作有一定的关系。因为简单儿茶素滋味爽口，而复杂儿茶素滋味涩重。因此如果制作不良的茶叶，则茶叶内的复杂儿茶素不能充分分解为简单儿茶素，因此会收敛性强而涩感重。

4. 茶叶为什么会苦涩

许多人刚开始喝茶，总会问茶叶为什么会苦涩？

众所周知，茶叶中的苦涩是与生俱来的，这些苦涩味主要就是由茶中的茶多酚和咖啡碱产生的。

但是，除了茶叶原本具备的内含物质就呈苦涩滋味外，还有别的很多原因能够导致茶叶苦涩。茶叶的茶树品种、采摘季节、生长环境、栽培管理，还有茶叶的制作工艺等，都是茶叶产生苦涩滋味的原因。

比如，如果茶园管理过度施氮肥，则茶芽肥壮，就会增加制作茶叶的难度，茶叶中的苦涩就很难去除，制出的茶叶滋味也相对淡薄。

另外，茶叶中的苦涩与制作工艺息息相关，比如绿茶，如果杀青前的摊凉时间不够，也很容易产生苦涩滋味。

5. 既然说"不苦不涩不为茶"，那么为什么很多好茶都尝不到苦涩味

许多人都有过疑问，大家都说"不苦不涩不为茶"，我们知道苦和涩基本上可以说是茶叶的本质味道了，既然如此，那么为什么当我们喝到一些好茶时却又不觉得苦涩呢？

首先，任何茶叶都含有呈苦涩滋味的多酚类和咖啡碱类物质，除此之外，茶叶还含有呈鲜爽、甘甜、酸味等的呈味化合物，这些呈味物质多了，苦涩味就不那么容易被感知到；其次，有研究表明，茶汤中的生物碱与大量的儿茶素很容易形成氢键，而氢键络合物的味感既不同于生物碱，也不同于儿茶素，反而会相对增强茶汤的醇度和鲜爽度，减轻苦味和粗涩味。而好茶中呈鲜爽、甘甜、酸味等的呈味化合物更多，且茶汤中生物碱与儿茶素形成的氢键络合物也更多，故不易感受到苦涩。

6. 为什么喝茶会觉得涩

喝茶觉得涩，其实是正常的，因为"涩感"也是茶叶正常的风味之一。之所以会觉得涩，是因为茶里有较多单宁类物质。

一般来讲，不同的茶叶，加工方法、冲泡方法等不同，都能使茶叶中的单宁含量或溶出量产生较明显的差异。

不过，虽然涩感是茶叶正常的风味，但是涩感越少，生津的速度越快，茶叶品质越好。

7. 为什么同样是涩，有的涩能化开，有的则很难忍受

涩是茶汤中不可避免的一种味觉表现。但是为什么有些茶的涩能够化开，很爽口；而有的涩则久久不化，附着在舌头上，令人很难忍受呢？

肆
如何品茶

说起这个，就需要了解什么是"涩"。茶里面的多酚类物质含有的游离羟基与口腔黏膜上层组织的蛋白质结合，凝固成不透水膜，这一层薄膜产生的味感，就是涩。

但是，如果多酚类的羟基很多，形成的不透水膜较厚，就如同吃了生柿子一样，涩感令人难以忍受。而如果多酚类的羟基较少，形成的不透水膜薄且不牢固，能够逐步离解，就形成了先涩后生津回甘的味感，令人感觉爽口，十分愉悦。

另外，简单儿茶素的羟基相对较少，所以刺激性较弱，滋味爽口；而复杂儿茶素的收敛性强，涩感较重。因此若制作工艺得当，可令复杂儿茶素含量降低，简单儿茶素的含量增高，使味感变得更加令人愉快。

8. 茶叶有酸味，正常吗

一般来讲，茶叶喝起来有酸味，有多方面的原因。

若茶叶里含有机酸，茶汤会呈酸味，这种酸味喝起来比较愉悦，这种由茶叶原料带来的酸味属于自然的、正常的味感。

除此之外，还有一些酸味，比如工艺出现问题、"发酵"过度、储存不当等带来的酸味，喝起来刺激，令人厌恶、难受，就属于非正常的酸味了。

所以茶叶喝起来有酸味，我们首先要辨别区分这种酸味是愉悦的还是令人厌恶的，然后才能判断是否正常。

干茶和叶底

1. 看干茶都看哪些方面

　　品茶时的第一步就是看干茶，通常我们要看干茶的色泽、老嫩度、芽尖量、条索、轻重等。

　　一般来讲，嫩的比老的好；芽尖长壮比短瘦的好；条索紧细比粗松的好；重的比轻的好；越光泽、整齐的越好；茶叶以外的夹杂物越少越好等。

▲ 图为同等重量的白茶，右边的体积明显小，芽头也多而嫩，故右边的干茶外形更好

有经验的品茶者，往往通过看干茶就能得知该茶的采摘制作状况，从而对茶品有一个较为初步的判断。

2. 为什么要看茶叶的叶底

喝完茶后，许多人会把叶底（即冲泡后的茶渣）倒出来细细观察。为什么要看茶叶叶底呢？

其实，看叶底是品评茶叶的最后一道且非常重要的工序。冲泡后的叶底能够相对还原鲜叶的形态，因此通过叶底的老嫩、形状、颜色、大小等可以看出该茶的采摘、揉捻、焙火、渥堆乃至于存放等情形。因此许多人会十分仔细地观察、闻嗅和触摸叶底，以求更全面、客观地评断一款茶。

茶叶的叶底，一般来讲，以嫩度高、匀净、肥壮、色泽均匀一致为宜，摸起来应柔软而有弹性，不应该粗硬或者色泽花杂不一。

▲ 图为老嫩、匀整不同的叶底。左图原料相对粗老、欠匀；右图则原料细嫩、匀整

韵味

1. 什么是饱满度

饱满度是品茶术语，通常指茶汤入口之后，嘴巴里所感受到的鲜爽、醇厚、甘甜、黏稠、回味等多种滋味的综合体现。

一般来讲，一款茶的饱满度越高，茶的品质越高。但是需要注意的是，茶汤的饱满度与浓淡度并不直接相关，有些茶可能口味很淡，但很饱满；有些茶喝起来可能苦涩度很高，也很浓，但是饱满度却很低。

2. 什么是喉韵

喉韵是品茶术语，喉即喉咙，韵即韵味，喉韵即喉咙的韵味。

一般来讲，喉韵是指一款茶品质上佳，指饮茶后，茶的回甘、生津能够深至喉咙，喉咙感觉十分甘甜、润泽，持久而不消退。这种能够在喉咙部位有茶的回味的感受，称为"喉韵"。

3. 什么是高山韵

所谓高山韵，也是品茶术语，指饮茶后，能够感受到高山的韵味。一般来讲，只有用高山的茶青制作的茶叶才有高山韵。

高山韵一词，较难用语言形容。就个人而言，这种感受是指饮茶后，口腔和喉咙除了感受到正常优质茶的回甘生津之外，还能感受到一缕缕的寒凉气息，仿佛将你带回到生长茶的高山之地，韵味独特。

古书所云："莲花庵旁就石隙养茶，多清香冷韵"，此即高山韵的一种体现。

4. 什么是猴韵

猴韵特指优质的太平猴魁所具有的独特韵味。猴韵在坊间有多种说法，是一个令人难以捉摸的词语。

就笔者而言，所感受到的猴韵是指茶汤醇厚甘甜，带有浓郁的兰花香，并且咽下茶汤后，从喉底能够感受到丝丝缕缕的花香和甘甜味，这种味道萦绕在喉咙、口腔、鼻端，令人沉醉迷恋、欲罢不能。

但是通常而言，具有猴韵的太平猴魁极为难得，往往产于核心高山，制作极精细，价格自然也不菲。

▲ 核心产地的太平猴魁

5. 什么是岩韵

岩韵是"武夷岩茶的韵味"的简称，是品质上乘的武夷岩茶才具有的特点。所谓岩韵，简单可理解为"岩骨花香"，即因其"文火慢炖"的独特工序所形成的特有品质。

"岩骨花香"是什么意思呢？个人理解是岩茶里既要有"岩骨"又要有"花香"。而"岩骨"指的是汤感柔而不软，在口腔里徐徐咀嚼而体贴之，茶汤活泼而似有立体骨感，口腔、喉咙韵味悠长；"花香"则指茶香馥郁，胜似兰花深沉持久。

如今的武夷岩茶制作工艺参差不齐，追"花香"者有之，追"岩骨"者有之，而"岩骨花香"并存者极为难得。

茶气

1. 什么是茶气

茶气是近些年来，随着普洱茶的兴起而渐渐流行起来的词语。那么何为茶气？

关于茶气，坊间有各种故弄玄虚的故事，比如有些人认为通过喝茶就能知道其中含有哪种农药，或者有些人喝茶后能感受到气在体内游走，可以从头到脚，甚至打通任督二脉等，他们都认为这种种感受是茶气的作用。然而这种玄学，并非我辈学茶者所尚也。

就个人而言，"茶气"一词，字面理解为茶的气息或气韵，有两层意思：第一层是指饮茶之后，无论香气和滋味，气韵十分饱满，口腔、鼻腔和喉咙无不为之萦绕，更充足者，可能直窜头脑，令人精神一振；第二层则指身体的感受，即体感，指饮茶之后，能够感受到身体一些细微的变化，比如发汗、打嗝、后背和胸腹部发热等，整个人的身体处于一种温暖、愉悦、舒适的状态。

2. 有茶气的茶是好茶吗

许多人喝茶爱说"这个茶有茶气"，言外之意即这款茶好。那么事实真的如此吗？

茶气的概念我们之前介绍过，那么茶气就等于好茶吗？

当然不是。一款茶因其内含物质等不同，对于我们每个人身体的刺激感受也是不同的。有的人体热，有的人体寒，那么对于同一款茶

如何品茶

所产生的身体感受也自然不同。我们不能因为喝了一款茶后，身体发汗，体感强烈，而判定它是好茶。

茶气，只能作为个人对于一款茶的身体感受的客观描述，而不能简单地将它作为判断一款茶好坏的依据。

3. 所有茶都有茶气吗

答案是肯定的。

所谓茶气，其实就是喝茶之后，茶水从胃到我们身体，顺着身体的脉络带给我们的一种气韵的感受。

这种感受有可能是流汗、发热，也可能是发冷、胃痛。能够带给我们这些感受的其实就是茶里的各种化合物质的综合表现，茶园生态环境佳，茶叶品质好，茶味浓、茶性强，身体感受就很明显；而茶园环境差，茶叶品质不好，滋味淡薄，茶气自然就很微弱，身体很难感受到。

但是，虽然茶叶品质不好，可能带给我们身体的感受很微弱，但并不代表没有茶气，只是我们较难感受到罢了。

而且，有些茶虽然茶气很重，却也不一定是好茶。茶气不等于茶叶品质，这一点还请谨记。

喝茶与我们的身体健康

1. 茶水是碱性的吗

很多人都因为"茶碱"一词，就理所当然地以为茶汤是碱性的。其实不然，就测试的实验结果而言，所有茶类的茶汤均呈弱酸性。但是，因为茶类不同、选料不同、浸泡时间不同等，茶汤的酸性强弱也会略有不同。一般而言，绿茶会比红茶、乌龙茶汤的酸性弱；选料嫩的比选料老的茶汤酸性弱；冲泡时间短的比闷泡的茶汤酸性弱。

2. 每天喝很多茶是不是就不用喝水了

许多爱茶人每天饮茶，以为一直在喝茶便是摄入了足够的水分，就不用喝水了。其实并非如此，这种只喝茶不喝水的习惯，反而很容易造成身体缺水。主要有两点原因：第一，茶汤和水所含物质是不同的，人体对于此的吸收自然也不同；第二，茶水利尿，会加重肾脏负担；而茶汤中的茶多酚、咖啡碱又刺激肠胃，并且喝热茶容易出汗，会带走体内的盐分。因此，虽然茶里有很多对身体有益的成分，但是喝茶过多而补水又不充足的话，反而很容易造成隐性脱水，所以常喝茶者更要注意每天茶后饮水，以免身体缺水。

3. 茶叶有什么药效

茶叶在中国最早是被当作药来使用的，那么茶叶究竟有哪些药效呢？

至少从汉代开始，我国医书就开始有关于茶叶医疗效用的记载，以后更是历代不绝。如汉代《神农食经》："荼茗久服，令人有力悦志。"再有，唐代医书《千金方》："（茶）治卒闲痛如破。"类似记载比比皆是。

如果说以上中国医书的记载只是我们的经验之谈，那么现代医学的研究则证明了这一点。研究表明，茶叶中含有各种维生素、氨基酸和矿物质等营养物质。除此之外，茶叶还富含生物碱、茶多酚和脂多糖等成分，这些就是茶叶发挥药效的主要成分了。

比如，茶叶中的生物碱以咖啡碱为主，能够刺激神经中枢，故而能够提神益思，同时还有强心、弛缓支气管痉挛和冠状动脉、帮助消化的作用。

而茶多酚则有很多药理效果，它能够增强毛细管，防止内出血，也能够抑制动脉硬化，防治高血压和冠心病，还能抗菌杀菌，治疗痢疾、急性肠胃炎和尿路感染等。

脂多糖则能够增强人体非特异性免疫力、抗辐射、改善造血系统的功能，更对防治由于辐射引起的白血球降低有着良好的作用等。

不过，虽然茶叶具有很明显的药用效果，却不能直接当作药品服用，要明确茶叶是饮品的一种，它具有药效，却不是我们常规理解意义上的药，不能直接认为茶就是治疗某种病症的药，最多将其理解为保健品。因为，在古代，茶虽然可入药，然而许多医书上也只是将茶作为单方或复方入药，而非饮茶即可治病。

因此，确切地说，茶是一种具有药效的保健品，而非药物，只靠喝茶无法治病。生病了还是要去医院看医生、遵医嘱。

4. 为什么茶叶能够降三高

大家都知道常喝茶对身体有好处，尤其是老人饮用，可降三高，即对高血脂、高血压、高血糖的作用很明显。那么主要是茶里的什么物质产生的作用呢？

答案就是茶多糖，即茶叶多糖复合物，这是一类组成复杂的混合物。茶多糖与我们日常所说的食糖不一样，它是一类与蛋白质结合在一起的酸性多糖或酸性糖蛋白。很早前中国和日本的民间就都有用粗老茶治疗糖尿病的经验，而实验证明也是如此，一般来讲粗老茶叶里面茶多糖的含量较细嫩茶叶更高。因此，老人常喝茶，对身体的好处还是很明显的。

5. 喝茶能减肥吗

很多女孩子都爱美，因此最关心的问题就是喝茶能不能减肥。

从理论上来讲，茶叶里面含有可去油解腻、降血脂血糖的化学物质。唐朝人就说茶可"滋饭蔬之精素，攻肉食之膻腻"，唐代《本草拾遗》也有记载茶："久食令人瘦，去人脂"，所以茶是具有减肥功能的。

过去，科学家做过动物实验，绿茶中的儿茶素、咖啡碱、茶氨酸、茶皂素、纤维素等成分，都能不同程度地降低体内脂肪和胆固醇。主要因为，茶氨酸能够降低腹腔脂肪，以及血液和肝脏中的脂肪和胆固醇浓度；茶皂素则通过阻碍脂肪酶的活性，减少肠道对食物中脂肪的吸收，从而达到减肥的作用；而纤维素本身几乎没有热量，大量摄入能够使食物在肠道内停留的时间缩短，减少肠道的再吸收，以达到减肥作用。另外，纤维素等可以使肠胃蠕动加快，使排泄物迅速排出体外，减少肠壁对代谢废物或毒物的吸收，保持血液清洁，进而起到减肥的效果。

可是，对于有些人来说，大量饮茶很容易就觉得饥饿难受，因此会吃比平日更多的食物，这样就没什么减肥效果了。所以如果想靠喝茶减肥，既要坚持长期饮茶，在饮食上也要克制，不能因为饿就吃得更多，这样才可能有效果。

6. 茶真的能解酒吗

很多人会在喝酒之后通过饮茶解酒，这真的有效果吗？

古人说茶能"解酒食之毒"，并且浓茶醒酒早已是人们的共识。茶解酒，这可不是信口胡说，是有科学依据的。茶能解酒的主要原因是茶中含有茶多酚、咖啡碱，它们可以中和酒精，避免酒精中毒。另外，茶水有强心利尿、刺激肾脏的功用，可使血流畅通、呼吸量增大，也能够进一步促使酒精排出体外。

饮酒后，因为酒精毒害了神经系统，我们往往会感到浑身酥软无力，严重者会恶心呕吐，甚至昏迷。而此时饮几杯浓茶，则能够利用茶叶中的多酚类和咖啡碱中和酒精，提高人的肝脏对物质的代谢能力，可以刺激肾脏使酒精从小便中迅速排出，因此具有了解酒的能力。

有人曾做实验，同样一批人在第一天和第五天参加宴席，吃饭喝酒。但是第五天饭后多了饮茶。前后两次分别抽血检验证明，饮茶后排泄酒精的速度比未饮茶时快了两倍。

因此，饮酒后能通过喝茶来帮助我们解酒。

7. 喝茶为什么会醉

常喝茶的人都知道，喝茶同喝酒一样，也是会醉的。很多人喝茶后会觉得心慌、手抖，甚至晕眩，这些都是"醉茶"的表现。

那么为什么会醉茶呢？

一般来讲，因为茶中含有多酚类、生物碱等物质，很容易刺激肠胃，所以空腹饮茶、饮茶过量、饮浓茶等都很容易醉茶。《茶疏》有云"茶宜常饮，不宜多饮……多饮则微伤脾肾，或泄或寒。"所以为了健康，哪怕再喜欢饮茶，也应克制一下饮茶量和饮用时间。

8. 为什么茶能解烟毒

吸烟有害健康，主要是因为烟草里的尼古丁是一种具有毒性的生物碱，如果体内吸入过多，会引起头昏脑涨、心生不安等中毒现象。人在吸烟时喝茶，会觉得身体舒服、神清目明，因为茶中的咖啡碱是尼古丁的有效抗剂，可解烟毒。

虽然如此，但是吸烟有害健康，还是奉劝大家不要吸烟为好！

9. 在夏天，为什么喝热茶能够解除疲劳、解暑降温

我们都有一个明确的认识，就是在夏日炎炎、汗流浃背，以至于人人都燥热不堪的时候，喝上一杯热茶，能够很快降暑解渴。有人怀疑这是错觉或心理暗示，而不是真实作用。其实并非如此，喝茶确实能够解暑消热，主要有以下几点原因。

首先，高温时，我们人类肌体热负荷增加，代谢加快，能量消耗增多，因此产生疲劳；而肌体的散热主要依赖流汗，而流汗易导致水电平衡紊乱。饮茶则能够补充肌体失去的水分，调节新陈代谢，维护体内心脏、肠胃、肝肾等脏器的体液平衡。

其次，茶叶中富含各种维生素、矿物质、微量元素、氨基酸等活性物质，可以补充因为流汗丢失的营养成分，进而维持高热情况下高代谢状态的生理功能。

另外，茶叶富含咖啡碱、茶碱、可可碱等物质，是一种优良的饮料，可以中和血液中大量的酸性代谢产物，解除疲劳，维持血液正常的酸碱平衡。

最后，有人曾做过实验，在饮热茶9分钟后，皮肤温度会下降1～2℃，因此使人感到凉爽，而喝冷饮者反而皮肤温度下降不明显。

10. 喝茶为什么会有清凉感

很多人喝茶都有过清凉感的体验，且颇有一些人，会以此判断茶

叶品质很好。

其实，喝茶具有清凉感，并不是一个判断茶叶好坏的标准。因为茶中能产生清凉感的化合物有很多，比如茶里面含有的香草醛，在微量无机酸的作用下，就可生成薄荷醇。而薄荷醇就是能产生清凉感的化合物之一。而判断茶的品质，一定是各种因素综合体验后的结果，而非只因单一口感就能下定论的。

11. 为什么有些茶喝了会觉得喉咙干

爱茶之人都知道，有一些茶喝起来会觉得喉咙干燥不舒服，通常来讲有几个原因：第一，茶叶制作问题。如果制作出来的茶有问题，比如干燥时的温度过高，或者干燥时间过长，甚至焦煳，那么这种茶喝起来会觉得喉咙干燥、不舒服；第二，新茶上市时，喝起来也会觉得喉咙干燥，但是这种干燥是能够化开的。这种干燥是因为茶叶刚刚制作出来带有火气，但是经过大约半个月，这种火气就能退去，喝起来便十分愉悦了；第三，仓储的问题。如果茶叶储存不当，放在一个密封缺氧，或者高温、潮湿的环境中，茶叶储存出现问题，使茶叶品质劣变，喝起来喉咙也会觉得干燥；第四，其他原因，比如茶叶冲泡注水过猛，或者泡茶太浓，甚至芽毫过多，再或者喝茶人若为感冒、咽炎患者，也会导致喉咙干燥。但是这种情况下导致的喉咙干燥，是很快就能化解的，并不是茶叶的品质问题。

综上，喝茶觉得喉咙干燥其实是很多原因导致的，那么具体是什么原因，就要根据情况具体分析了。

12. 喝新茶为什么会上火

许多人会觉得奇怪，茶明明性寒，为什么喝新茶依然会上火。

一般来讲，刚刚制成的新茶，因为炒制或干燥的缘故，茶叶中多有浮火，饮用后极易上火。

究其原因，是因为茶叶中的蛋白质等物质与水分子形成的氢键，在高温下遭到破坏，所以当我们饮用刚制成的新茶茶汤时，这些物质则与口腔内的水分子恢复形成氢键，并释放过剩热量，进而可能引起上火。

因此，有经验的茶客，往往在新茶制成后，储存一段时间再饮用，这样浮火散去，茶叶散发清香，饮用时无论香气还是口感均更佳。

13. 喝茶会令人失眠吗

一些人比较敏感，喝了茶晚上就会睡不着觉，便认为喝茶令人失眠，因此拒绝继续喝茶。那么，喝茶真的会令人失眠吗？

喝茶确实会令人醒神，这一点毋庸置疑。因为茶里含有咖啡碱，而咖啡碱则能够刺激神经中枢，令人提神醒脑。因此如果对咖啡碱敏感的人群，喝了之后，短时间内自然无法入睡。

但是，茶中除了含有咖啡碱之外，还有丰富的其他物质，比如茶氨酸。茶氨酸有安神镇静的功效，因此能够相对减弱咖啡碱对于人体的作用。

也就是说，饮茶确实能够影响人的入睡，但是如果选用的是富含茶氨酸的茶，那么就能够降低提神的效果。另外，不要喝过浓的茶，茶越浓，咖啡碱溶出也会越多，自然就会影响睡眠。最后，对于咖啡碱很敏感的人群，还是建议不要下午或晚上饮茶，毕竟身体更重要。

茶宜常饮，不宜多饮。

14. 喝茶伤胃吗

许多人都觉得喝茶伤胃，其实不然，确切地说，"伤胃"这个说法都是不准确的。

茶里的咖啡碱与纯咖啡碱不同，它能被茶汤里的其他物质中和，进而形成一种络合物。这种络合物在胃酸条件下，会失去咖啡碱原有的活性；但当其进入非酸性的小肠环境时，它又能还原释放被人体吸收，从而起到提神醒脑的刺激作用。另有实验证明，饮茶不会引起胃酸和肠胃液的增加，因此从某种意义上讲，饮茶不但能提神，还能"和胃"。所以"喝茶伤胃"的说法并不准确。

不过，需要注意的是，茶叶里茶多酚含量很高，而茶多酚类物质在空腹状态下会与胃酸和消化道黏膜发生作用，影响胃的分泌功能，所以有消化系统疾病的人群，不要空腹喝茶，尤其不要喝浓茶，以免加重胃的负担。

15. 为什么不能空腹喝茶

爱喝茶的人常常被告诫，不要空腹喝茶，并且，在古代就有"不饮空心茶"的说法，这是为什么呢？

主要是因为茶属寒性，空腹喝茶，冷脾胃。不过按照现代科学来看，则主要是因为茶叶中的多酚类物质能够与空腹状态下的胃酸和消化道的黏膜发生作用，有碍胃的分泌功能。因此有消化系统疾病的患者，不要在空腹时喝茶，尤其是不要喝浓茶和刚采制不足一周的新茶，以免加重胃的负担。

16. 为什么有的绿茶喝了会胃不舒服

许多人喝某些绿茶之后会觉得胃不舒服，就理所当然地认为是绿茶太寒，自己体质不适合的缘故。其实并非所有人都是这个原因，不是因为绿茶寒，很可能是你喝的那款绿茶制作工艺不到位，比如杀青杀得不透的绿茶，就像人吃了夹生饭一样，喝了就很容易感觉到胃不舒服。也可能你个人原本胃就不舒服或者胃不好，那么喝什么茶其实胃都会不舒服。

但是，要注意，茶本性寒，不可一概而论。具体还是要看个人体质，以喝过之后身体感受是否舒服最为重要。

17. 隔夜茶能喝吗？为什么

许多人都不敢喝隔夜茶，对隔夜茶谈虎色变，因为据说隔夜茶含有二级胺，可以转为致癌物亚硝胺。其实早在20世纪80年代，这个说法就已被学者辟谣，不仅因为二级胺广泛存在于各种食物中（比如面包和腌腊制品），更因为二级胺只有和硝酸盐同时存在，并且合成一定数量的亚硝胺时才会致癌。但是，茶叶中的茶多酚和维生素C能有效阻止人体内亚硝胺的合成，因此说"隔夜茶致癌"并不科学。

那么，隔夜茶究竟能不能喝？

首先隔夜茶有两种，一种是茶、汤分离，一种是茶、汤混合，这两种均能使茶的色、香、味、形受损，后一种尤甚，也即隔夜茶的口感会降低，并不美味。其次，从营养卫生的角度来看，茶中的营养物质会因氧化而减少，并且茶汤如果暴露于空气中，极易滋生细菌发生变质。所以，尽管隔夜茶对身体无明显害处，仍然不建议饮用。

18. 茶叶会打药吗？打有农药的茶叶是不是不能喝

很多朋友非常关心食品安全，喝茶的时候自然会问起茶叶的农药问题。这个问题很重要，说起来也比较复杂。

一般而言，茶叶是否含有农药是需要专业机构检测的，普通人在家里几乎无法检测。不过，大家不应对农药残留问题谈虎色变。主要原因有两个：第一，绝大多数农药不溶于水。而我们饮茶是泡水来喝，并非直接吃下去，少量农药基本上都残留在叶底里，而不是被喝掉。

第二，很多人混淆了含有农药和农残超标的概念。含有农药但是不超标，这在国家规定的安全剂量范围内，是没有问题的。如果非要保证茶叶中不含一点儿农药，除了特定的有机认证土地，基本上很难做到土壤不含农药。

另外，通常来讲，海拔高、原料采摘细嫩的茶叶，农残含量也基本不超标。

19. 每天什么时候喝茶比较好

很多人都爱喝茶，但总会有疑问：每天什么时候喝茶会比较好呢？

其实，正常来讲，一天之中什么时间喝茶是没有严格规定的，因为每个人的情况不一样，要按照个人的身体需求和感受来决定喝茶，才是最理想的状态。

话虽如此，还是有需要注意的地方，比如，饭前饭后半小时不宜饮茶，以免茶汤里的内含物质与食物里的营养物质发生反应，降低人体吸收。再者，神经衰弱、睡眠不好者，晚上也不宜饮茶，因为茶有兴奋神经、利尿等药效，晚上饮用会影响睡眠。

20. 不同季节应该喝什么茶

很多人受微信朋友圈、营销号的影响，会很刻板地认为春天应该喝花茶，夏天应该喝绿茶，秋天应该喝乌龙，冬天应该喝普洱……

其实，喝茶这件事虽然和时节有一定的关系，但是这件事更应该随心而定，要看个人的身体状况，而不是刻板地认为在特定的季节应该喝某种茶。

一般来讲，换季的时候，适合饮用生津润泽的白茶；在春暖花开时，喝些绿茶、花茶，应景应心；燥热的夏天，喝浓厚的生普、瓜片更能去燥止渴，令人清凉；秋高气爽时，饮半"发酵"茶，如铁观音、岩茶等，则不寒不热，甚为妙哉；寒冬白雪，喝红茶熟普等"发酵"茶则令人满心温暖，极为妥帖。

21. 小孩子可以喝茶吗

很多人自己喜欢喝茶，家里的小孩子会凑热闹也要喝。家长不免开始担心：小朋友年龄小，能够喝茶吗？

其实，喝茶是有好处的，可以预防龋齿、提高免疫力。但是因为十岁以下的小孩子年龄尚小，身体各部位器官发育不成熟，并且小孩子的消化代谢与成人也有很大不同，因此小朋友不是不能喝茶，而是要注意应喝淡茶，不要喝浓茶。

比如，在家喝茶的话，冲泡茶汤的尾水，每日喝清淡的两三杯是完全没问题的。另外，需要注意睡前和饭后半小时，不要给小朋友饮茶，以免影响小朋友的睡眠和营养物质的吸收。

22. 不同的人适合喝什么茶

茶含有各种营养物质，且对人体有各种有益功效，那么如何根据自身情况选择合适的茶呢？

早在明代李时珍《本草纲目》就有载："茶苦而寒，阴中之阴，沉之降之，最能降火。"古人认为，内火大的人，与茶相适；血弱之人，则不宜久饮。

一般来讲，"发酵"度高的红茶或熟普更适宜女性、老人、儿童饮用；而缺铁性贫血患者和孕妇则不宜喝浓茶和咖啡碱含量高的大叶种茶等；另外，老人、儿童、肠胃病患者等应该饮淡茶，而不能喝浓茶。

其实，不同的人适合喝什么样的茶并无定论，主要还是因人的需求而不同，如果身体不适，还是要遵医嘱。

23. 女性喝茶对身体好吗

茶既是中国传统文化的代表，又具有轻身的功效，所以越来越多的女性开始喝茶。但是很多女性身体偏寒，因此会担心是不是会影响身体健康。

喝茶有消食解腻、美容养颜、降三高等好处，因此不必过度担心女性适不适合喝茶。但是，当女性处于经期、孕期、产期时，最好少喝茶、喝淡茶，甚至不喝茶。因为茶里含有能和铁离子络合的儿茶素，"三期"时饮茶，很容易引起贫血。并且，咖啡碱能够刺激神经和心脑血管，因此孕期饮浓茶，对胎儿发育也可能会有不良影响。所以女性只要在特殊时期稍加注意，不要过度就完全没有问题。

24. "绿茶性寒，红茶性温"的说法对吗

常喝茶的人大都听过"绿茶性寒，红茶性温"的说法，但是这个说法真的对吗？

传统中医学对茶性的研究较少，但是查阅从唐至清的本草典籍，谈到茶性时，大多是"寒凉"的说法。而在中国古代茶学典籍中，亦不见"红茶性温"的说法。

仔细检索谈及温性茶的书本，大多都是从地方志或神话传说而来，同期却又有言其性寒的医药典籍。

众人大都认可"绿茶性寒"，而"红茶性温"，据有学者考证，此说法或源于日本："茶本是寒性，熟成之后变成温性。"但是，此时的熟成，其实是指红茶渥红后茶汤由绿变红，并不一定是茶性的改变。

又有医书记载："绿茶功用，能消滞、去痰热、除烦渴、清头目、醒昏睡、解食积及烧炙之毒……红茶功用与绿茶稍异，能中和消滞，解暑疗烦，悦志醒睡，下气利温，亦微有消脂之功。"以上记述表明红茶具有消暑清热的功效，这可表明其药性应是寒凉为主。

因此，如果单纯地说"绿茶性寒，红茶性温"，这个说法不够准确。确切的说法应是二者皆性寒，但其经过加工后，寒凉程度不同罢了。

陆

现代与传统名茶

1. 世界红茶的鼻祖——小种红茶

红茶有小种红茶、工夫红茶、红碎茶三大类。在过去，小种红茶指产自福建的一种特有外销红茶，现在小种红茶的内销也占了很大一部分。其中，小种红茶又以产自福建桐木关内、以高山茶区菜茶（当地土种）为原料、俗称"正山小种"的品质为最优。其附近，如邵武、政和、建阳等地，也有少量生产，在过去以星村为集散地，称为星村小种。亦有用工夫红茶熏烟而成，称为烟小种，此种品质较差。

▼ 正山小种

"松烟香，桂圆汤"是福建特有的正山小种的品质特点，而松木熏蒸则是达到"松烟香"特点的关键。一般来讲，小种红茶分湿坯熏蒸和毛茶熏蒸两种方式。正山小种往往采取湿坯熏蒸的方式，而工夫小种则采取毛茶熏蒸的方式。

但是随着现代工艺的发展，人们在追求经济效益的同时，对桐木关内的松木也不再允许随意砍伐，因此正统的湿坯熏蒸已经很少了，大部分的熏烟都是用毛茶熏烟。甚至，如今在市面上，带有"松烟香"的正山小种都已经很少，大部分都已经是不经熏烟的正山小种了。

2. 最有名的台湾茶——冻顶乌龙

冻顶乌龙产自中国台湾南投县鹿谷乡彰雅村冻顶巷，故得此名，又自古有"水沙连茶，以冻顶为佳"的记载。

与文山包种轻"发酵"不同，冻顶乌龙"发酵"度较高，焙火亦较重，以青心乌龙树种所制为佳，早年甚著名。后因市场欢迎，许多地区开始仿制，再挂有"冻顶乌龙"名号，因此，这个名称渐渐成了一种商品名称。

时至今日，许多人在市场上所购的冻顶乌龙，早已不再仅限于冻顶地区。它既可以来自冻顶，也可以来自阿里山；树种既可以是青心乌龙，也可以是金萱、翠玉、四季春等。

所以，如今的冻顶乌龙早已不是严格意义上的冻顶乌龙茶了，它成了一种广义上的商品品牌，只要符合接近冻顶乌龙特定的香气和滋味，均可称是。

3. 身价最高的红茶王者——金骏眉

金骏眉属于红茶的一种，是2005年，在正山小种红茶传统工艺基础上新研发的高端芽头红茶。金骏眉是指采用福建武夷山市桐木关内高海拔地带生长的"武夷变种"（即当地菜茶）为原料，于清明谷雨之间，茶芽长至最饱满的时候，手工采摘、制作而成。

一般来讲，金骏眉的干茶条索紧细，色泽金黄、黑相间，香气是复合的玫瑰花香、桂圆干香、蜜枣香；滋味喝起来醇厚甘甜，桂圆味厚。需要注意的是，市场上许多金骏眉徒有其名，并不是真的，比如原料不是产自桐木关，或者树种不是当地菜茶等。

现代与传统名茶

4. 色淡甘鲜橘皮香的白鸡冠

白鸡冠为武夷岩茶四大名丛之一，其茶原产地有两种说法，一说产于武夷宫止止庵白蛇洞口；一说产于慧苑岩火焰峰下鬼洞。其中，以产自慧苑岩的说法较为普遍。

白鸡冠之名，相传于明代已有之。因为茶树叶色淡绿，幼叶浅绿微黄，春稍顶芽微弯，而茸毫显露似鸡冠，该特征似是其名由来。

其茶香气似橘皮香，滋味甘鲜。因其叶易"发酵"，因此制出的茶品，优异者较少，故而产量甚少。幸好现今种植和加工工艺有所提高，市场可觅其踪迹。

▲ 牛栏坑不可思议处

5. 蜡梅寒香溢水来的水金龟

水金龟为武夷岩茶四大名丛之一，清末即有此茶名。

关于水金龟此茶的由来有一传说，据林馥泉所记载，茶树原产于牛栏坑杜葛寨峰下半岩上，属天心寺庙产，后遇大雨，茶树被冲至牛栏坑坑底，被兰谷山主砌栏围之，因系水中而来，故名水金龟。在1919～1920年曾为其茶树所属诉讼公堂，耗资数千，茶之名声越发流传，故有人题字感慨"不可思议"记述之。

水金龟其茶，色泽绿褐润，滋味甘爽，香气浓郁，似有蜡梅花香。因茶树一度衰败，产量甚少，后又繁育，如今在市面上已不算难寻。

6. 味浓爽厚的铁罗汉

铁罗汉是武夷岩茶四大名丛之一，是武夷历史上最早的名丛。

《闽产录异》有记载："铁罗汉、坠柳条，皆宋树，又仅止一株，年产少许。"由此可见，铁罗汉此茶成名较早。

在1949年前，传说铁罗汉产地有三处，一说在慧苑岩内鬼洞内；一说在竹窠岩长窠内；一说在马头岩。以前两种说法较普遍。

铁罗汉茶，具有特殊香味，尤胜大红袍。喝起来其滋味甘鲜醇厚，香气幽长，有一种独特的类似药物的香味，回味十分爽朗舒畅。

另外，铁罗汉的产量较少，因此市面难寻，尤其是具有铁罗汉品种特质的更是稀少。

▲ 黄山毛峰

7. 不只是黄山毛峰的毛峰茶

毛峰茶是绿茶的一种，同毛尖茶一样，其产地遍及全国，非某地所特有的茶类。被称为毛峰茶的，以黄山毛峰最负盛名，其他如云南、四川、贵州等，亦有所产。比如成都茶馆里所常备的毛峰，往往就不是黄山毛峰，而是四川毛峰。

毛峰茶，通常具有白毫显著的特点，茶叶外形稍扁卷曲，芽尖有峰，故得名。

8. 木瓜微酽桂微辛的肉桂茶

听到要喝肉桂的时候，有些人想当然地以为是调料品的那种肉桂，或者以为是用调味品肉桂的树制作的茶。如果这么以为的话，其谬远矣。

茶中的肉桂是一种茶树品种的名字，是属于山茶科的植物，而调料肉桂则是樟科植物。这两种虽然名字相同，实际却大为不同。

茶之肉桂，也名玉桂，为武夷岩茶的名丛，树种名也叫肉桂。早在清代，就有"奇种天然真味好，木瓜微酽桂微辛"之句，这句诗将肉桂香气辛锐的特点明确指了出来。

肉桂茶的香气辛锐持久，桂皮香明显，上佳者带乳味，在如今，爱喝肉桂者甚多。而马头岩肉桂、牛栏坑肉桂，即被坊间戏称为"马肉""牛肉"的肉桂，更是品质上佳、价值不菲。

9. 凤凰山上水仙茶——凤凰水仙

凤凰水仙，产于广东省潮安县凤凰山区，为乌龙茶，是凤凰单丛的一种。它既是树种名，又是品级名。

凤凰水仙由于选用原料的优次和制作的精细程度不同，按照品质分为凤凰单丛、凤凰浪菜、凤凰水仙三个品级。单丛级别品质最高，浪菜级别品质次之，水仙级别再次之。

不过因为凤凰单丛品质优异，所以如今在市场上，凤凰山所产的乌龙茶，都被叫作凤凰单丛，而不再有凤凰水仙或凤凰浪菜的叫法区分。

10. 形似银针、白毫披身的银针茶

通常来讲，银针茶，以形似银针而得名。现在市场上所提到的银针，几乎全是指白毫银针，简称银针。而白毫银针，产自福鼎、政和等地，是白茶的一种。另外，还有"君山银针"茶，也会被叫作银针。君山银针，属于黄茶的一种，产自湖南岳阳。最后，也会有少部分的绿茶被称为银针，如巴南银针、双龙银针等。

因此不能笼统地说银针茶是什么茶，还需要了解这种茶的产地和制作工序，才能做出下一步判断。

11. 是工夫而不是功夫的工夫红茶

工夫红茶是红茶的一种，与其他红茶相比，它以精制加工颇费工夫而得名。其制作分为初制和精制两个阶段。其采摘一般以一芽二、三叶为主，制成毛茶后再通过精制整形、分级等确保品质。一般来讲，工夫红茶的精制包括抖筛、切断、风选等工序。工夫红茶的品质以鲜、浓、醇、爽为主，优质红茶会有金圈和冷后浑，尤为难得。

▲ 碗边金色的一圈，即为"金圈"，金圈为红茶品质优异的表现

如何选购茶叶

绿茶和黄茶

1. 安吉白茶是白茶吗

许多人望文生义，认为安吉白茶就是白茶。其实不然，安吉白茶是绿茶的一种，其制作原料采摘自一种叫作"白叶一号"的白叶茶树种，这种树种的叶片呈白色。判断一款茶属于白茶还是绿茶，抑或是其他茶类，不是依靠名字或叶片的外形、颜色来判断的，而是要看其制作工艺。

安吉白茶虽然采摘的茶树叶片呈白色，但是其制作工艺为"鲜叶—摊凉—杀青—揉捻—干燥"，是标准的绿茶工艺制作流程，因此安吉白茶属于绿茶，而不是白茶。

▲ 安吉白茶（绿茶）

▲ 白毫银针（白茶）

2. 绿色的茶就是绿茶吗

虽然六大茶类之一的绿茶，其品质特点是"清汤绿叶"。但干茶和茶汤是绿色的并非都是绿茶。

比如市场上流行的轻"发酵"铁观音和台湾的轻"发酵"、轻焙火或无焙火的乌龙茶，看起来干茶、汤色、叶底都以绿色为主色，但因其是按照青茶（乌龙茶）工艺制作的，所以哪怕它们看起来是绿色的，按照茶类来分，也不属于绿茶，而是青茶。

因此，我们判断茶类不能只凭借眼睛看到的颜色来判断，而要综合外形、口感、制作工艺等多种因素。

3. 滇青和滇绿一样吗

许多人认为滇青是普洱茶，而滇绿是绿茶，是两种不一样的茶类，其实这么理解是不正确的。因为无论是滇青还是滇绿，都是绿茶茶类，只不过滇青属于云南的晒青绿茶，而滇绿则是云南的烘青绿茶，也即滇青的干燥方式是晒干，而滇绿的干燥方式是烘干。

而用来制作普洱茶的原料是滇青，也即晒干的茶叶，而非烘干的滇绿。

4. 龙井是好茶吗

其实这个问题并不能确切地回答，因为任何一个能叫上名字的茶，无论是龙井还是碧螺春，抑或是黄山毛峰、普洱茶等，都只是一个名称，同一个名称的茶是有品质区别的。即，它们既有好茶，也有品质不那么好的茶。

一般来讲，判断一种茶是不是好茶，不是单凭茶名就可以的，而是要具体茶具体分析，要品尝之后，综合色、香、味、形等才能断定。

5. 旗枪是什么茶

一些老茶客大概都听说过旗枪茶，然而大多知其名却并不知其根源。

所谓旗枪，通常是指绿茶，以冲泡之后叶底的茶芽似枪、叶片似旗而得名。旗枪的名称自古有之，宋代《大观茶论》记载："一枪一旗为拣芽，一枪二旗为次之。"其中，一枪一旗即一芽一叶，一枪二旗即一芽二叶。

现代所提及的旗枪，通常指扁形炒青绿茶，产地多在浙江省之县市。

▲ 一芽一叶

6. 什么是雀舌茶

首先，需要明确一个概念，被叫作雀舌的茶，是存在两种可能性的。第一是指茶树的品种名字叫作雀舌。这种茶树一般是指由大红袍母树有性繁殖选育而出的小品种，因其为小叶类茶树，茶叶外形较小巧而得名，此雀舌通常属于武夷岩茶类。第二是指茶叶采摘的等级为雀舌的等级。采摘等级为雀舌的茶叶，通常是指茶树鲜叶的采摘嫩度为一芽一叶初展，芽叶的外形状态小巧似雀舌。通常，等级为雀舌的茶叶往往指的是绿茶。

▲ 图中茶叶为雀舌的等级，芽叶展开度小，似麻雀舌头

7. 毛尖是什么茶

毛尖是绿茶的一个品种，其产地遍及全国，并非某地特有。所以当有人问毛尖茶是什么茶，或者毛尖茶好不好的时候，都是比较难以回答的。毛尖茶好不好，不是只凭一个名字就可以断定的，因为它有不同的原料级别，且山场特点也不同。

毛尖茶的外形，通常具有白毫显著的特点，其形态圆直光滑、细洁鲜润。以信阳毛尖、都匀毛尖、沩山毛尖等最为著称。

8. 蒸青是什么茶

蒸青是绿茶的一个分类，是采取蒸汽杀青的方式制成的。

蒸汽杀青算是我国最早采取的杀青方式，唐宋时期的蒸青团茶便是如此。蒸青绿茶主要有"煎茶"和"玉露"两种，主要产区在湖北、四川、台湾、福建等，比较著名的有湖北的恩施玉露和仙人掌茶。

蒸青制法传到国外后，许多国家，如日本、印度等国的绿茶制法多以蒸汽杀青为主，而我国则在明代发展了炒青后，渐渐用锅炒杀青取代了蒸汽杀青。

9. 抹茶是把绿茶磨成粉吗

抹茶是呈粉末状的，很多人都以为抹茶就是将绿茶碾成粉做成的。其实这种理解是完全错误的。因为，制作抹茶的绿茶，与一般绿茶有很大不同。抹茶由"碾茶"制造而成，而"碾茶"则在采摘前需要覆盖茶园栽培，然后采摘、蒸汽杀青，且不经揉捻直接烘干而成。将"碾茶"去掉细小的茎和叶脉，再用茶臼研磨成粉末，才是用于日本抹茶道的抹茶。

10. 煎茶与抹茶有何区别

日本的茶有煎茶和抹茶两种，虽然它们都属于蒸青绿茶，但是二者最主要的不同之处在于，抹茶采用的茶叶是要覆盖栽培的，即茶树遮阳后所产的茶叶，再经一系列工序制成；而煎茶则不用覆盖栽培，即煎茶所用的茶叶原料的茶树，不需要遮阳。

11. 经常被误会的黄茶

黄茶是六大茶类之一，其特点是"黄汤黄叶"，制作工艺为：鲜叶—摊凉—杀青—做形（揉捻）—闷黄—干燥，看似工序简单，如今却市场难寻。主要原因是其中的重要工序"闷黄"很难做，温湿度把握不好，就会有酸闷味，甚至还有的会发霉。

黄茶同白茶一样，是按照制作工艺来分的，但是也有一些茶被称作"黄茶"，却只是茶树的芽叶呈黄色罢了，比如浙江台州的"黄金芽"等，它们并不是真正的黄茶。

不过现代人没怎么见过黄茶，其"黄汤黄叶"的特点经常被错认为是放陈了的绿茶，因而不被接受。并且，黄茶比绿茶制作成本高，定价却未必如此，因此商家多不做黄茶，或者把黄茶的制法绿茶化。

另外，从传统意义来讲，黄茶按采摘标准可分为黄芽茶、黄小茶和黄大茶，名茶则有蒙顶黄芽、霍山黄芽、君山银针、远安鹿苑等。

12. 如何区分黄茶和绿茶

区分黄茶和绿茶，没有严格的理化指标，目前只能够通过制茶工艺和品质特点来判断。从工艺上来说，黄茶比绿茶多了一道闷黄工序，这是区分绿茶还是黄茶的关键。并非茶叶颜色泛黄就是黄茶，如果没有闷黄工序，哪怕绿茶的颜色呈黄色，也不能称为黄茶。从口感上来说，黄茶口感甜醇，香气也类似成熟的谷物香，与绿茶的滋味鲜爽完全不同。

红茶

1. 什么是切细红茶

红茶分为小种红茶、工夫红茶和切细红茶。切细红茶即我们常说的红碎茶，它以外销为主。

切细红茶（红碎茶），是在红茶制法传到国外后，随着制茶机器的发展和改进，逐渐发展而来的。也是在20世纪50年代末，我国为适应国际市场发展而生产起来的。

中国生产的切细红茶主要分为两大类型。一种是外形匀整、颗粒紧细、粒型较大、汤色红浓、滋味浓厚的，适合某些中东国家；另一种茶则体型较小，净度较好，汤色红艳，滋味浓强、鲜爽，香气高、锐、持久等，适合欧洲、美洲、大洋洲等地区的国家。

▼ 斯里兰卡的红碎茶

2. 工夫红茶与红碎茶有何区别

工夫红茶和红碎茶看起来都碎碎的，主要区别在于工艺不同。工夫红茶的碎，是在精制的过程中由于切断所导致的；而红碎茶则是在初制工序中，萎凋后经过揉切后再经过"发酵"而成的。因此可以看出，虽然都是"碎"，但是工夫红茶的碎是在"发酵"和"干燥"完成后，切断毛茶导致的；而红碎茶的碎则是初制中切断后才"发酵""干燥"的。

也因为这种不同，红碎茶喝起来比工夫红茶的收敛性更强。

3. 正山小种有什么特点

传统的正山小种茶，以武夷山内星村镇桐木村所产品质最佳。其外形条索粗壮，色泽乌润油亮。汤色红艳明亮，香气浓郁高扬，滋味甘醇厚爽。

正山小种的最后一道工序——干燥，是指用松木熏烟，因为茶叶能够吸收松木的香味。所以这样制作的正山小种，具有区别于其他红茶的"松烟香、桂圆汤"的典型特点，大概意思是闻起来具有松烟香，而喝起来则有近似桂圆汤的甘醇味道。

另外，正山小种的采摘标准与大部分红茶也有所不同，它与乌龙茶的采摘标准一样，遵循形成驻芽以后开面采的采摘标准。

4. 正山小种为什么有烟熏味

许多人不喜欢红茶正山小种里的烟熏味，殊不知烟熏的正山小种，属正山小种十分传统的工艺，非烟熏达不到其"松烟香，桂圆汤"的品质特点。

桐木村内的正山小种，在最后一道工序要用松烟熏焙，因此才造就了正山小种的烟熏味道。

其由来，当地有故事传说，清道光末年，有北方军队过境，占驻茶厂，故而茶青无法及时干燥，导致了茶叶积压"发酵"变成黑色，厂子紧急炒干并送柴烘干，故有烟熏的正山小种。

但此说法大抵有传说的性质，正山小种的烟熏香，应与当地盛产马尾松有关。因此在炒焙干燥时，就地取材，形成了独特的品质。

也就是说，这种特定的品质是因地制宜自然形成了之后，再为后人总结而成，并不是发明的。

5. 正山小种里的"正山"是什么意思

小种红茶、工夫红茶与红碎茶为三大红茶品种。正山小种是小种红茶的一种，为小种红茶里品质极佳者。而正山小种为什么是"正山"，很多人都不了解是什么意思。

所谓正山，其实是正统之意，凡武夷山中所产制，均被称为"正山小种"；而武夷山附近各地所产，则被称为"外山小种"。

而正山具体是指什么地方呢？现在基本上指武夷山北桐木村内，山下设有关卡，想要进入其中，需村内人来接。另外，因为桐木关横跨福建与江西，我们惯常所说的正山，指的是福建境内的桐木关，不含江西的桐木关。

6. "烟小种"是指什么茶

传统的正山小种香气高爽浓烈，具有独特的松烟香味，尤以星村镇桐木村品质最优，因以星村镇为集散地，故又称星村小种。而另有用工夫红茶熏烟制成小种工夫，则被称为"烟小种"，这种往往品质较差。

不过，随着市场的发展，小种红茶渐渐由外销转为内销，许多人却喝不惯传统带有松烟香味的正山小种，因此许多厂家商人制作时，不再用松木熏焙。

乃至于如今，在市场上若想购买传统带有松烟香的正山小种，往往都需要特地说明要熏烟的，亦有人将带松烟的正山小种简称为"烟小种"。因此，如今的烟小种已经不仅仅指外山品质较差的茶，而是成了熏松烟的正山小种的代称。

7. 什么是新工艺祁红

新工艺祁红，是相对于之前传统制法的祁红而言。所谓传统祁红，即祁门红茶，属于工夫红茶的一种，因此又称为祁红工夫。

现如今市场上，常见的新工艺祁红，有红松针、红香螺、红毛峰等，因其外形品质等不同而命名，与传统祁红精制加工需要风选、切断等复杂工序的制法也不同。

新工艺的祁红，在采摘制作上，除了借鉴福建金骏眉的选料采用细嫩芽头之外，更有正山小种之"过红锅"的工艺，即在萎凋—揉捻—渥红之后，转入炒锅，进行做形和初干，最后再进行干燥而成。

8. 中国的红茶产地有哪些

中国茶叶的产地十分辽阔，而红茶产地也几乎遍及全中国。以下列举几个具有代表性的地区及其所产的红茶。

福建：正山小种、金骏眉、白琳工夫、坦洋工夫、政和工夫等

安徽：祁门工夫

广东：英德红茶

云南：滇红

江西：宁红

江苏：宜兴红茶

湖北：宜红（宜昌红茶）

湖南：湖红

……

可以说，有茶生长的地方，基本都有红茶。

▼ 新工艺祁红：红松针

白茶

1. 被误认为"月光下晒干的茶"——月光白

月光白，是用云南景谷大白茶树种制作的茶。

翻看许多茶书，往往只见有"景谷大白茶"的名字，而不见有"月光白"，因为它是近些年刚刚流行的一个茶名。

最早，商家将景谷大白茶按照绿茶工艺制作成炒青；后来普洱兴盛，因景谷大白茶的品种特殊，白毫特多，做出来的生普色泽泛白，因此就有商家取巧将其命名为"月光白"；后来白茶兴盛，又有商家用其制作白茶，并依然延续月光白的名称。如今市面上所见的景谷大白茶制作的月光白，多为普洱，白茶次之，而炒青绿茶几乎不见了。

因此，我们现在如果看到一款月光白，需要先了解其制作工艺，才能判断具体是何种茶。

2. 不炒不揉的白茶

白茶，为我国六大茶类之一，早在宋代即有记载。要注意的是，看起来呈白色或者叫"××白茶"并不一定是白茶。比如非常有名的安吉白茶，它就是绿茶，而不是白茶，之所以叫作白茶，只是因为制作该茶叶的茶树品种的芽叶呈白色。

真正的白茶，是按照"鲜叶—萎凋—干燥"的工艺制成的，其特点是不炒不揉，满披白毫、如银似雪。

一般来讲，白茶按等级可分为白毫银针、白牡丹、贡眉和寿眉。

3. 白毫银针比寿眉好吗

许多人都会有疑惑，白毫银针比寿眉要贵，那么就更好吗？

通常，如果在同等条件（如山场、树种、季节等一样）下，那么白毫银针的品质确实会比寿眉更好。但是这种更好，主要体现在级别的差异上，比如白毫银针（纯芽）更清鲜更嫩，滋味更鲜甜、细腻；而寿眉（几乎没有芽，全是叶和梗）则芳香类物质含量更多，香气更浓郁，滋味却偏粗涩。

因此，通常而言，将白毫银针与寿眉的品质做比较其实是不公平的，因为级别就明显不同，品质自然如此。我们只有把同级别的茶品做对比、评优劣才更有意义。

▲ 白毫银针

▲ 寿眉

4. 白茶的春茶、夏茶和秋茶品质有何不同

白茶虽然可以采春、夏、秋三季，却以春季的品质最佳。

春季的茶，嫩梢萌发整齐，芽毫肥壮，茸毛多而洁白，叶质柔软，制作出的成茶多为高级白茶，尤其以肥芽制作银针，品质极佳。满披白毫，滋味鲜醇，叶底柔软有弹性。而夏茶则芽头瘦小，叶质硬而轻飘，茶汤色浅味淡，口感青涩，品质较差。秋茶的品质则介于春、夏茶之间。

如何选购茶叶

5. 什么是新工艺白茶

在白茶渐渐兴起的如今，除了传统工艺的白茶之外，新工艺白茶也渐渐为人所知。所谓新工艺白茶，并不是指这两年刚刚有的新工艺。早在20世纪六七十年代，新工艺白茶就生产了。它是为了适应香港地区的消费需求（即追求汤色红亮浓醇）而研发生产的。

与正常的白茶仅有萎凋和干燥两道工序不同，新工艺白茶在萎凋之后，增加了一道揉捻工序，而后再进行干燥。这样形成的茶叶外形稍有褶皱半卷，汤色橙红，似有红茶味却又无"发酵"香。

一般来讲，新工艺白茶选料嫩度较低，近似贡眉，却又比贡眉汤味浓、汤色深。

6. 新工艺白茶与传统白茶有何区别

传统白茶的制作工艺是：鲜叶—萎凋—干燥。而新工艺白茶区别于传统白茶之处，就是新工艺白茶增加了揉捻的工序。其目的是为了改变因鲜叶偏老而导致的外形粗大松散和滋味淡薄的问题。经过揉捻后，新工艺的白茶外形条索相对紧结，滋味浓度也会相对增强。并且，新工艺白茶的揉捻与别的茶类，如绿茶、红茶等不同，新工艺白茶的揉捻程度会偏轻，即轻压、短揉，这样也就能够相对保证茶叶具有白茶的品质特点。

7. 什么样的茶树适合制作白茶

理论上，可以制作白茶的树种有许多。但是因为鲜叶具有适合制作某种茶的特质，要制作传统意义上的白茶，会有着独特的要求。比如，制作白茶所要求选用的茶树品种需要具备芽毫茸毛多、白毫显露、氨基酸等含氮化合物含量高的特点，这样的树种做出来的白茶才具有满披白毫、具有毫香、滋味鲜爽的品质特点。最早用来制作白茶的树种是菜茶，后来又采用水仙、福鼎大白茶、政和大白茶、福鼎大毫茶、福安大白茶、福云六号等制作。现在市场上，以福鼎大白茶、福鼎大毫茶、政和大白茶和福安大白茶制作的福鼎白茶、政和白茶最为常见。

黑茶

1. 我国黑茶具有哪些品类

黑茶是六大茶类之一，也是我国最具特色的茶类之一。在初制加工中，杀青、揉捻后有一道特殊的工序——渥堆，加工过程中有微生物参与，是真正意义上的"发酵"茶。

我国黑茶产地主要集中在湖南、湖北、云南、广西、四川等地，品类有湖南黑茶、四川黑茶、云南普洱茶、湖北老青茶、广西六堡茶等。

黑茶在六大茶类之中，要求原料成熟度较高，比大宗绿茶、红茶都要粗老。通常，黑茶的一级嫩度相当于工夫红茶的三级嫩度。制作出来的黑茶，一般味醇少爽，味厚不涩；香气纯正，无粗青气；因为茶叶原料产地等不同，有的还具有陈香、菌花香、槟榔香等特殊的香味。

2. 湖南黑茶里的黑砖和花砖有何区别

湖南黑茶里的砖茶分为茯砖、黑砖和花砖，茯砖有金花，平时比较常见，而黑砖和花砖就比较少见了。那么黑砖和花砖有什么区别呢？

黑砖和花砖都是以湖南黑毛茶作为原料紧压制成的。但是，黑砖选用的原料以三级茶为主，拼入一部分四级茶和少量黑茶以外的茶类；而花砖则全部以三级黑毛茶为原料。

另外，黑砖和花砖上，压砖时印的字体也不同。黑砖茶印"黑砖茶"三字，下方"湖南安化"四字，中部是五角星；花砖茶则印"中茶"商标，下方印"安化花砖"，四边压有斜条花纹。

3. 茶里面的"金花"是什么

黑茶是如今很多人爱喝的茶，但是有些人看到茶里有金色的物质，就会大惊失色，以为茶叶发霉了。其实，这并不一定是发霉，也可能是金花。金花是黑茶茯砖内一种特有的菌：冠突散囊菌。消费者还往往以金花的茂盛程度和颗粒大小来判断茶的品质。

为什么会产生金花呢？这主要是因为制作黑茶茯砖时，会有"发金花"的过程，这一过程能够使粗涩味消失，在特定的温度和湿度条件下，冠突散囊菌会大量繁殖，并进行物质代谢和分泌胞外酶进行酶促作用，进而产生一种特殊的香味菌花香，成就茯砖茶独特的风味品质。

有科研证明冠突散囊菌对人体有较高的药用价值，因此含有金花的茯砖茶也有一众忠实的爱好者。不过，金花不仅仅是茯砖茶特有，以"红、浓、醇、陈"著称的六堡茶，如果茶里面有金花，品质也更佳。

▼ 图中金色颗粒状物质即金花

4. 如何分辨发霉与金花

很多人在不了解的时候，会将金花误以为是发霉。通常霉菌都是呈白色、绿色和黑色。长了霉的茶，通常闻起来有明显的霉味，霉菌大部分是丝状，茶叶外形粘连，叶片条索不清晰，看起来茶叶干枯没有活力。

而金花则是在茯砖茶和一些品质好的六堡茶内含有。金花往往是在茶的内部，金花清晰，呈金黄色的颗粒状。茶叶闻起来也是正常的菌的香气和茶香，没有霉味。

5. 同为黑茶，为什么口感差异这么大

茶课上喝过许多不同的黑茶，同学们不免产生疑问，为什么其他同种茶类的茶喝起来口感比较像，而黑茶反而在汤色和口感上差别非常大？其实这主要与黑茶的选料和渥堆时间有关。

同样都是黑茶，采摘的原料从一芽二、三叶到成熟度很高的粗梗硬枝大叶，级别跨度非常大。而级别跨度这么大，其制作工艺自然是有区别的。比如同样是安化黑茶，天尖的原料是一芽三、四叶，而黑砖的原料则是以开面为主。

再者，同样是渥堆，采用不同的渥堆方式（湿坯渥堆和干坯渥堆），渥堆的时间自然会有不同，因此发生的湿热反应、酶促、非酶促和微生物的反应，自然也有不同，口感肯定也会不同。比如安化黑茶就是湿坯渥堆，渥堆时间在12～24小时不等，而普洱熟茶就是干坯渥堆，渥堆时间就得十几天乃至数十天。

再者，同样是黑茶，渥堆后的加工方式不同，也能够导致口感的不同。比如同样是安化黑茶，原料都是基本类似的黑砖与茯砖茶，不同于黑砖茶的蒸压干燥，茯砖茶在干燥过程中，还需要进行"发金花"这一工序，令其有着特别的菌花香。诸如此类，虽然大体相同，但是几乎每一种黑茶都有着其独特的制作工序。

这就是为什么同为黑茶，汤色和口感却差异巨大的原因了。

普洱茶

1. 什么是古树茶

古树茶是近些年来新兴起的概念，与台地茶、茶园茶相对，指树龄比较老的茶树。顾名思义，古树即古老的树，古树茶即从古老茶树上采摘制作的茶叶。

但是茶树多古老才能称为古树呢？

普遍而言，树龄在100年以上的茶树，即可称为古树。不过，一棵古树具体有多少年树龄，就很难讲了，毕竟种植那些古茶树的人早已作古，而用现有的检测方法也较难以准确地确定年限，况且采摘茶叶也无法根据树龄来分批采摘，只能通过粗细、高矮等特点简单地进行判断。

也就是说，目前尚无办法准确地判断茶树是多少年的古树。市场上所谓的千年古树，可以认定为是一种营销概念，而非实情。

2. 什么是台地茶

喝普洱茶的人，经常会听到台地茶一词。要想了解什么是台地茶，首先我们需要知道什么是台地。

所谓台地，是指一片无起伏遮蔽的平坦地面。顾名思义，台地茶，即生长于此地的茶。

台地茶这个概念，多在普洱茶界中被提及，与其相对的词语往往是古树茶。但是这么对比是有偏差的。因为，台地茶指人工管理的茶

▲ 南糯山茶王古树

园茶，并且特指生长于平地且没有大树遮阳的环境。而古树茶其实指的是树龄，而非生长环境。

　　因此，大家提起台地茶，隐含的意思往往有两点：一是指人工管理的茶园茶；二是指树龄低的灌木茶，而非较老树龄的茶树。

▼ 云南台地茶园

3. 古树茶能通过外形判断吗

许多人认为可以通过干茶的外形或者叶底来判断其是否为古树茶，乍听有理，实则以偏概全。

因为古树茶茶树品种形态多样，其叶片大小、厚度、颜色、锯齿等各有不同，这些特征与树种有关，与茶树树龄关系不大。

所以，古树茶是不能够通过干茶或叶底来判断的。

4. 古树茶有什么品质特点

判断一款茶的品质要通过品饮才能确定，古树茶自然也不例外。

以新的古树生茶为例，一般来讲，其茶汤色偏黄，清澈明亮；香气浓郁纯正，以花蜜香为主，杯底尤甚；喝起来口感甘甜醇厚，有苦涩感，但消散很快，回甘生津深入喉咙，十分甘润；叶底则肥壮嫩匀。闷泡之后，古树茶的口感刺激度会降低，虽然也会苦涩，却是一种柔软、不尖锐的苦涩，更容易为人所接受。

对于有些人来讲，古树茶尤为特殊的是给身体带来的感受，除了喉韵显著之外，许多敏感之人会有打嗝、后背和手心微微冒汗等身体反应。

5. 台地茶与古树茶的茶树有什么不同

其实，台地茶与古树茶这两个词语虽然经常被同时提起，但却是两个概念。台地茶的概念重点是生长的区域和人工管理；而古树茶的概念重点是茶树的树龄比较古老。

但是能够一起被提及是有原因的。因为台地茶，即茶园茶，栽培的树种以无性繁殖的灌木茶树为主，而灌木型茶树的树龄一般不超过几十年。古树茶的树种则是以有性繁殖的小乔木、乔木为主，其树龄往往有百年，甚至数百年之久。

因此台地茶与古树茶一起被提及，往往意味着树龄的对比和品质的区别。

6. 什么是号级茶

号级茶，也称古董茶，一般指清代到新中国成立初期，私人商号出品的茶，于公私合营时代渐渐消失。

一般来讲，号级茶的原料选自古六大茶山，即如今所说的勐腊易武地区，其茶以圆茶为主，七饼一筒，外用竹壳包装。较为著名的号级茶有"宋聘号""车顺号""同庆号""昌泰号"等。

如今市面上虽也常见这些"××号"的茶品，但已物是人非，大多已经改制或被并购，只是名字仍在，而内里与过去那些老字号老茶庄的茶品早已不同了。

7. 什么是印级茶

印级茶，也叫印级圆茶，因茶品外包装印刷有不同颜色的"茶"字而得名，并不特指茶品的型号或配方。茶品有黄印、绿印、红印、蓝印等。

通常来讲，如今在普洱茶界里所提到的"印级茶"往往指的是20世纪50年代的一批老茶，即由中茶公司启用的注有"中茶"商标的茶品，包装上不同颜色的"茶"字被八个"中"字环绕。

"印级茶"这一叫法，是普洱茶圈内特定时期、特定包装的茶叶品种。

所以，虽然如今在市场上同样包装的茶依然有延续生产，但这些茶都不是上文提及的"印级茶"。

▲ 2004年车顺号圆茶

▲ 2001年中茶绿印7542

8. 什么是"八八青"

"八八青"在普洱茶爱好者中可谓是如雷贯耳的茶品。那么"八八青"是什么茶呢?

就字面意思而言,"八八"是指1988年;"青"指普洱茶生茶,这里特指"7542"配方。

但是当"八八青"三个字一起出现的时候,却不是指1988年生产的7542,而是特指1989～1992年生产的7542生饼这一批茶,而"八八青"不过是坊间爱称。

不是1988年生产的茶,却被叫作"八八青",有以下几个原因:第一,广东、香港茶商为讨吉利口彩,"发发"的谐音为"八八",故而称呼;第二,当时的茶厂压制茶饼时,往往会加入遗留下来的往年的茶青,因此1989年压制的茶,茶青却不仅仅是当年的;第三,由于普洱茶越陈越贵的特点,因此不排除营销时,存在商家刻意夸大年份进行售卖的现象。

9. 什么是"大白菜"

常饮普洱的人,大概都听说过"大白菜"。那么"大白菜"是什么茶呢?

首先,要知道此"大白菜"茶,非蔬菜大白菜,而是普洱爱好者对于某批普洱茶的戏称。

▲ 图为八八青(确切地说,八八青也是绿印7542,但是属于特别有名的绿印,因此区别于普通绿印,另有称呼)

▲ 2002年1号白菜。中间部分的有机标志外形看起来像一棵绿色的白菜,故得名大白菜

这种茶的特点是外包装上印有OFDC有机产品认证标志，因为有机标志的外形看起来像一棵绿色的白菜，故得此名。

"大白菜"是20世纪90年代末，由何氏兄弟在勐海茶厂于1999～2004年定制的茶，属于来料定做的性质，原料选自于云南班章地区。这批茶一经面世，便因优异的品质获得极高的市场认可度，受到普洱爱好者的追捧，班章茶叶也因此水涨船高，成为普洱茶界赫赫有名的贵族。

10. 普洱茶里有以1、2级原料制作的茶吗

很多人问，在市面上经常能看到以3～9级原料制作的茶品，如7532、7542、7572、8592等，但却鲜少见到1、2级原料制作的茶。

这个级别的原料都去哪儿了？做茶会用到吗？

这个级别的原料当然也会用来做茶。其实，在云南，晒青毛茶的原料级别为1～10级，1、2级原料基本被用来制作普洱沱茶，而不以原料级别配方的形式出现。普洱沱茶并不像普洱茶饼或茶砖那样，用数字配方的方式来区别茶品等级，因此以1、2级原料制作的普洱茶就比较少见。

11. 普洱包装上的数字（唛号）有什么含义

普洱茶有一些茶品的包装上往往印有几个数字，这几个数字就是我们常说的"唛号"。唛号在粤语中原意为商标、品牌等，而在茶业界则特指用这几个数字来表示特定的产品和名称。

普洱茶饼包装上常见的唛号，一般指的是该茶的配方，通常用四位数字表示。这四个数字里，前两位数字代表此配方研制的年份，第

▲ 唛号7542的普洱茶

三位数字代表茶青级别，最后一位数字则是茶厂的代号，昆明茶厂代号为1，勐海茶厂代号为2，下关茶厂代号为3，普洱茶厂代号为4。

比如，常见的唛号"7542"这四个数字，代表根据1975年形成的配方，利用综合级别为4级的茶青原料，由勐海茶厂生产制作的普洱茶。

12. 什么是普洱茶的陈韵

陈韵，指陈化后产生的韵味，通常用于普洱茶评鉴。一般来讲，陈化后的茶有一些基本的变化趋势。比如，干茶颜色会趋向于由绿转变为褐；汤色会由黄绿转化为红亮；口感会由苦涩刺激转变为醇厚温和；叶底也有黄绿转变为红褐等。陈韵与仓味不同，许多人不爱喝普洱茶，觉得有一股潮湿的类似发霉的气味，那并不是陈韵或陈味，而是仓味。仓味是不好的，陈韵则是正常存放之后陈年的韵味，是正常的。

13. 普洱茶的形态和品质有关吗

现在市面上的普洱茶叶形态各异，有沱、饼、砖等。不免令人好奇，茶叶的形状是否和茶叶的品质有关。

在以前，沱茶、饼茶、砖茶的形态和品质是有一定关系的。相比较而言，过去的普洱沱茶选料更细嫩，普洱饼茶选料更为肥壮，而普洱砖茶的选料最为粗老。但是，因为时代的改变，如今的区别已经很小了，这三种形态都有高中低不同的品质，它们的选料都可以很嫩，也都可以很老。

▲ 饼茶

▲ 沱茶

▲ 砖茶

14. 普洱茶"越陈越香"吗

在人们的普遍印象中，普洱茶具有越陈越香的特点，那么这是真的吗？

在这里，我们需要了解一个基础概念，"越陈越香"这一词里的"香"不仅指香气，而是代表品质好，即"越陈越好"。不过，虽然"越陈越香"是大家对于普洱茶存放的一个普遍的观点，却也并不是所有的普洱茶都能越放越好的。是否越陈越好，要看普洱茶的原料和储存是不是足够好。

如果普洱茶原料的滋味很淡薄，那么储存再久滋味也不会变得醇厚；同时，也要看储存条件是否干燥、无异味，如果受潮甚至发霉的普洱茶，或者放在有杂味、异味的地方，那么哪怕储存再久也是有问题的茶。储存普洱茶主要应注意温湿度，并要满足通风、透气、无异味的条件，基本上遵循四季流转、自然舒适的温湿度条件即可。

15. 普洱熟茶是什么时候产生的

人们经常赞叹作为贡茶的普洱茶历史悠久，在《红楼梦》里就已是常用茶品。但是与普洱生茶不同，普洱熟茶的生产历史并非那么久远，它是20世纪70年代开始被研制的，1973年人工渥堆后"发酵"技术正式研制成功，从此普洱熟茶进入了历史的舞台。

随着人工渥堆技术的不断成熟，1975年，勐海茶厂拼配出了"7572"这一款经典的熟茶之作，至今仍为大众所喜爱。因此普洱熟茶产生至今，也不过四十余年。所以如果遇到七十年、八十年，以至于上百年的普洱熟茶的话，可以直接断定为假的。

16. 普洱生茶和普洱熟茶的原料级别有差别吗

普洱茶在过去属于边销茶，即销往边疆少数民族地区的茶。而边销茶大多为黑茶，比如安化黑茶、四川藏茶、滇桂黑茶等，一般这些边销茶的原料等级都较低。

不过普洱茶比较特殊，经过近十几年的发展后，原料等级现在已经开始渐渐提高了。一般来讲，普洱生茶原料级别会较普洱熟茶更高，普洱熟茶原料则较粗老。比如，熟茶"7572"和生茶"7542"，都是勐海茶常规的配方茶，熟茶选取的是综合级别为7级的茶青，生茶选取的则是综合级别为4级的茶青（注意：茶叶原料级别的数字越小，则级别越高；反之亦然）。

究其原因，则是因为普洱熟茶为经过了渥堆工序的黑茶，而渥堆工序经过在长时间湿热环境下的微生物反应，势必会损失一些内含物质，原料粗老（原料等级低）一些，则有足够的木质素、纤维素等化合物质作为基底支撑，更能够保证滋味品质。

17. 普洱茶都有什么级别

普洱茶的级别比别的茶类分法更为复杂，因为它的鲜叶和散茶都有级别的区分。

其中普洱茶的鲜叶按照芽叶比例，可分为特级、1～5级，共六个级别。而制作完成的散茶，则分为特级、1～10级，共十一个级别。但是晒青毛茶与熟茶毛茶，又略有不同。

其中，晒青毛茶分为：特级、2级、4级、6级、8级、10级，共六个级别。

熟茶毛茶分为：特级、1级、3级、5级、7级、9级，共六个级别。

我们常见的普洱茶唛号，如"7542"、"7572"，其中的第三位数字"4""7"就是指毛茶级别。

18. 陈皮普洱、橘普和柑普一样吗

陈皮普洱、橘普等茶近来非常流行，但是要想分清楚这些茶，还是比较难的，首先我们需要区别一下陈皮、橘和柑。

陈皮是用芸香科柑橘属及其变种的果皮经过干燥制成。而陈皮普洱，是将陈皮和普洱分开储藏，并在喝茶时将二者再按一定比例冲泡或煮饮的，陈皮和普洱都是越陈越好。如今也有人将陈皮和普洱混在一起作为商品出售，但是本质而言，陈皮和普洱是分开的两种食物。

柑橘在中国古代称木奴，在古代常分柑和橘两种，如《本草纲目》载："柑，

南方果也……其树无异于橘，但刺少耳。柑皮比橘色黄而稍厚，理稍粗而味不苦。"但就现代植物学本身而言，因为如今的柑、橘因亲缘杂交过多，早已不再有明确的区分。所指的"柑"和"橘"均指芸香科柑橘属的植物果实。所以，就橘普或柑普而言，是指将柑或橘去掉果肉后与普洱茶一起制作而成的再加工茶，区别主要在于柑和橘的品质与普洱茶的品质，以及制作工艺的优劣上。

另外，虽然柑、橘的皮均可用来制作陈皮，但是以广东新会所产的新会柑制成的陈皮品质为佳。因此，以新会柑为原料制作的柑普也更为人所知。

另有小青柑一种，新会柑的柑皮根据采收时期的不同，可分为青皮、黄皮和大红皮，三种柑皮药效不同，所制成的茶自然也不同，用青皮制成的即为小青柑。

▼ 小青柑

19. 什么是茶头

茶头是普洱熟茶在渥堆"发酵"工序时，因结块不及时或"发酵"不当，而形成的团块状物体。在过去，茶头被视为茶叶的夹杂物，是弃掉不用不饮的。

通常来讲，茶头很难泡开，多泡后也依然维持团块状，汤色虽红亮，却香气低沉、滋味淡薄，回味较差。不过，近年来，有人认为茶头冲泡后，汤色好看，滋味淡淡甜甜，又十分耐泡，因此开始推崇茶头。并且这些人认为，茶头存放之后，口感会更佳，因此无论年份是否够老，大部分人对于茶头，都称之为"老茶头"。

但就事实而言，茶头喝起来水薄不厚，滋味寡淡，因此品质并不算佳。

▼ 老茶头

20. 普洱茶是什么茶类

众所周知，中国的茶按照制作工艺分为六大茶类，我经常会被问到普洱茶属于什么茶类？

其实，普洱茶具体属于什么茶类，这是一个较为复杂的概念，它并不单单属于某个类茶，其中有历史的原因，也有市场的原因。

要想知道普洱茶属于什么茶类，首先我们要知道现代意义上的普洱茶分为普洱生茶和普洱熟茶两种，它们的制作原料是云南的晒青毛茶。其中，未经渥堆变色的晒青毛茶，归类为晒青绿茶；晒青毛茶经过渥堆变色的熟茶散茶，归类为黑茶；而用熟茶散茶和晒青毛茶直接蒸压成砖、饼、沱等的紧压茶，则归类为再加工茶类（紧压茶）。

而严格按照国标来讲，能够称为普洱茶的，只有以晒青绿茶为原料，经过渥堆做色这种人工快速"发酵"或长时间自然缓慢"发酵"而成的茶，以及这类茶的紧压茶。即普洱熟茶的散茶和紧压茶，以及晒青毛茶的紧压茶才能称为普洱茶。

21. 普洱茶能做别的茶吗

首先，如果这里指的是制成普洱茶的成品茶，那么作为成品茶的普洱茶不能做别的茶。

但是，如果这里指的是制作普洱茶的鲜叶原料，则可以制作别的茶，可能是红茶，也可能是白茶，这二者如今在市场上都可见到。也可以做成青茶和黄茶等，但因为这两类茶的制作工艺复杂，因此在市场上较为少见。

用来做普洱茶的鲜叶之所以能够做别的茶，是因为茶树的叶子在理论上可以做六大茶类里的任意一种，只是因为鲜叶具有适制性，大都有其更为适合的制法罢了。

乌龙茶

1. 乌龙茶是什么茶

许多人分不清乌龙茶、岩茶、铁观音等，不知道它们是包含还是并列关系。

其实乌龙茶，又称为青茶，与绿茶、黄茶、黑茶、白茶、红茶并称为六大茶类。而岩茶、铁观音等都属于乌龙茶类里的茶种，并不是单独的茶类。

乌龙茶除了等同于青茶茶类，是茶类的一种之外，乌龙茶这个词语也是茶树树种的名字，比如青心乌龙、矮脚乌龙等。但是，用这种树种，按照青茶的加工工艺制作出来的茶，可能是岩茶，也可能是台湾茶，但是都属于青茶，也即乌龙茶。

▲ 安溪铁观音

▲ 武夷岩茶

2. 什么是名丛

武夷山本土菜茶，即武夷奇种，为有性群体茶树。因此茶农从中选育优秀的单株，单独培育、单独采制，称为单丛。

从这些单丛里选出优秀者，后渐渐有名，则称为名丛，这些名丛也就是平常我们所见到的普通名丛，如金锁匙、白牡丹、金桂等。

再从这些普通名丛里选出四种品质最优异者，便为四大名丛：大红袍、铁罗汉、白鸡冠、水金龟。

▼ 名丛白鸡冠的干茶

3. 什么是色种

早年，爱喝铁观音的人，会听说有一种茶叫作色种。

在过去，为了方便对外贸易，除了品质高的名优茶和品质较差的品种外，其余的良种混合采制形成一个花色品种，称为色种。

比如闽南乌龙里，铁观音是品质高的名优茶，而毛蟹、梅占、奇兰等其他品种就不再单独采，而是混合采制，或者分别采制后拼配混合，这样的茶便称为色种。

4. 什么是春水秋香

我们常会听到他人用"春水秋香"一词来形容茶叶，是表示秋茶和春茶一样好吗？

当然不是。春水秋香，常常是对铁观音在春秋两季不同品质的描述。

一般来讲，不同生产季节产制的茶叶品质不同，铁观音更是如此，它以春茶品质最优，秋茶其次，夏暑茶最差。

不过，虽然铁观音秋茶汤味较薄，不如春茶水厚味甘，但是香气特高，因此也有许多喜爱者，被赞为"秋香"。

需要注意的是，春水秋香虽然表达了秋茶足够香，却不代表它与春茶有同等的好品质。春茶喝起来以汤水佳优胜，并且春茶的香也不输于秋茶。

5. 红边绿叶的青茶

青茶，即乌龙茶，是六大茶类中制作工艺最为繁复的一种，具有高香馥郁、滋味醇厚的特点，叶底绿叶红镶边，十分别致。与其他茶类不同，乌龙茶的采摘标准是要有一定的成熟度，不可太嫩，亦不可太老。采摘位置一般在茶树形成驻芽的嫩梢的第三四片叶，即"开面采"。

如今的青茶（乌龙茶），一般按照地域划分为四大乌龙：闽南乌龙、闽北乌龙、广东乌龙、台湾乌龙。其中，闽南乌龙的代表茶类为安溪铁观音；闽北乌龙的代表茶类为武夷岩茶；广东乌龙的代表茶类为凤凰单丛；台湾乌龙的代表茶类为东方美人、冻顶乌龙等。

6. 什么是包揉

揉捻做形是塑造茶叶形状的最重要工序，但是我们通常喝的铁观音以及很多台湾乌龙茶，则是一个个球形或近似球形，这种形状的茶叶，显然与武夷岩茶和凤凰单丛的条形茶截然不同。

那么这种球形的揉捻是怎么做到的呢？

其实，这种球形或半球形的茶叶揉捻方法就是包揉，简单可以理解为用布袋将茶包起来做的揉捻。其原理是利用了茶叶的柔软性和可塑性，在力的作用下，通过高强度的滚、转、揉、压等使炒青叶形成球形或半球形；这个过程中，也能够使更多的叶肉细胞破损，挤出更多的果胶类和糖类物质，使其在包揉中凝结，更利于青叶条索紧结成形。另外，青叶的内含物质在一定的温度和湿度下也能够互相作用和转化，也可以增强茶汤浓度与滋味，香气也更佳。

包揉的这一过程，是包揉和松包交替进行的，这个过程能够逐次地加热去除水分，使茶叶渐渐成球形。

7. 乌龙茶是如何分类的

乌龙茶属于六大茶类的一种，茶叶种类繁多。乌龙茶的茶名通常是按照制作茶叶的树种名来命名的，比如安溪铁观音采用的茶树是铁观音，武夷水仙采用茶树是水仙，武夷肉桂采用的茶树则是肉桂。

乌龙茶的制作工艺特殊，属于半"发酵"茶，叶底具有"绿叶红镶边"的特征。

一般来讲，乌龙茶按照产地分为：闽南乌龙、闽北乌龙、广东乌龙、台湾乌龙四种，典型的代表茶依次为：铁观音、武夷岩茶、凤凰单丛、冻顶乌龙。除了这种比较常见的分法之外，另有按照外形区分为条形乌龙、半球形乌龙、球形乌龙三种，比较典型的代表茶依次分别为：武夷岩茶、铁观音、冻顶乌龙等。

8. 乌龙茶的原料有老嫩的区别吗

绿茶、红茶等茶类，单看外形就能够区分出茶叶的老嫩度，从而能对其品质有个初始判断。那么没有芽，只有叶片的乌龙茶有老嫩度的区别吗？

答案是肯定的。尽管乌龙茶采摘的标准是开面采，但同样是开面采，也有小开面、中开面和大开面之分。小开面指第一位叶约为第二位叶面积的二分之一；中开面指第一位叶约为第二位叶面积的三分之二；大开面指第一位叶与第二位叶的面积大小相当。乌龙茶的采摘标准，通常以中开面的成熟度为宜，小开面偏嫩而大开面又过老。

9. 台湾乌龙都有什么茶

台湾乌龙茶高香馥郁，受到很多人喜爱。那么台湾乌龙都有哪些呢？

早年台湾茶叶出口时，台湾乌龙茶特指重萎凋、重"发酵"的"番庄乌龙"，及其最高品质的"白毫乌龙"。如今世人所熟知的冻顶乌龙和文山包种，因采摘制作不同，于是特别区分为包种茶。

根据外形，台湾乌龙可分为半球形包种茶（如冻顶乌龙）、球形包种茶（如木栅铁观音）和条形包种茶（如文山包种）。如今市场上的包种茶，几乎仅指如文山包种这样的条形包种茶；而乌龙也几乎仅指如冻顶乌龙的半球形茶。白毫乌龙则以另一名称"东方美人"而盛名于世。

如今的台湾为了接近市场主流的高山茶，大部分茶几乎都做成球形的包种茶，已少有半球形茶了。

10. 文山包种的花香是自然形成的吗

爱喝台湾茶的人自然不会错过文山包种，而文山包种是乌龙茶里"发酵"最轻的，以花香明显而著称。因为花香浓郁，很多人就会怀疑它是不是人工添加了香精。

在早期，文山包种初生产阶段，它是由安溪人仿照武夷岩茶的做法制成安溪茶，随后把茶运到福州窨制花香而成。所以早期的文山包种，它的花香不是自然形成的，是人为窨制的。不过随着茶树品种的演变，制茶工艺的精进等，如今的文山包种早已不再是人为窨制花香，而是利用制茶工艺就可以达到花香四溢的效果。

所以，如今文山包种茶的花香是完全可以通过良好的做工，将茶鲜叶原本含有的香味激发出来的，而非人为添加香精。

武夷岩茶

1. 武夷岩茶有什么品质特点

武夷岩茶以"香、清、甘、活"四字著称。

茶叶外形看起来条索壮结、匀整，色泽青褐润亮，有"宝光"；香气馥郁，胜似兰香而韵长，"锐则浓长，清则幽远"；喝起来滋味浓醇清活，生津回甘；叶底具有"蛤蟆背"，即看起来叶面似蛙皮，且有沙粒白点，颜色则是三分红七分绿，也即常说的"绿叶红镶边"。

优质的武夷岩茶，岩韵显著，浓饮也不见苦涩。袁枚《随园食单》描述甚妥帖："杯小如胡桃，壶小如香橼，每斟无一两。上口不忍遽咽，先嗅其香，再试其味，徐徐咀嚼而体贴之。果然清芬扑鼻，舌有余甘，一杯之后，再试一二杯，释躁平矜，怡情悦性。"

2. 什么是大红袍

大红袍极为著名，可谓武夷岩茶里最著名的茶了。不过，如今的大红袍含义已经改变，几乎可以算是脱离了武夷岩茶，变成了等同于武夷岩茶的名词了，具体可分为广义上的大红袍和狭义上的大红袍。

广义上的大红袍，指拼配大红袍，是根据拼配师傅、厂家的不同，用不同品质的原料拼配出原本大红袍应具有的色、香、味、形，属于拼配茶。这种大红袍在市场上极为普遍，品质也参差不齐。

狭义上的大红袍，指纯种大红袍，是从母树上无性繁殖选育而成的茶树树种。市面上常见的纯种大红袍有北斗、奇丹、雀舌三种。纯种大红袍市面上亦不少有，只不过产量不如拼配的多。

3. 大红袍是红茶吗

许多刚开始喝茶的人，在听到"大红袍"的名字，或者喝大红袍时看到茶汤呈黄红色，就想当然地认为大红袍是红茶。这个理所当然的想法是错误的，大红袍属于青茶，即乌龙茶类的一种，而非红茶。六大茶类是按照制作工艺和品质特点来区分的，而不是仅仅因为颜色或者某个字就能简单断定的。

4. "香不过肉桂，醇不过水仙"是什么意思

肉桂和水仙均指武夷岩茶的品种，为武夷山如今的当家茶，即产量和品质均能得到保障的茶品。

"香不过肉桂，醇不过水仙"则是指这两种当家茶的品种特点。其中"香不过肉桂"，指武夷肉桂的气味别致，具有类似桂皮的香气，优异者带有乳味，香气辛锐高扬，十分吸引人；而"醇不过水仙"则是指武夷水仙的茶汤汤感细滑柔甜，滋味醇厚。

但是需要注意的是，这句俚语虽然很好地总结了肉桂和水仙的品质典型特点，却并不代表肉桂就不醇，水仙就不香。因为只要是品质优异的肉桂和水仙，它们都是香与醇并存的。

5. "三坑两涧"指什么

三坑两涧特指武夷岩茶正岩茶的产地代表，武夷岩茶数这里所产最为有名。

武夷山中心地带所产的茶叶为正岩茶，正岩茶中品质最高者则是"三坑两涧"所产的茶叶。

其中，三坑指：牛栏坑、慧苑坑、倒水坑；两涧指：流香涧、悟源涧。

6. 什么是四大名丛

凡武夷山所产乌龙茶，皆称武夷岩茶。武夷岩茶种类名称繁多，多以树种命名。由当地原始种武夷种，即武夷菜茶选育、评定出多种名丛。

在这些珍稀的名丛之中，又评定出四大名丛，分别为：大红袍、铁罗汉、水金龟和白鸡冠。不过，随着市场的发展，大红袍几乎等同于武夷岩茶的代名词，因此有些人重新评定四大名丛，将大红袍去除，增加"半天夭"一种，是谓"新四大名丛"。

▼武夷山茶山远景

茶叶品质鉴别

1. 什么样的茶是好茶

《茶经》载："其第一者为隽永。"其中隽者，指味美，且长久。自唐代陆羽至今，对于好茶，我们的标准一脉相承。就滋味而言，好茶需清甘香润，就回味而言，需要幽长持久。

一般来讲，评价一款茶是不是好茶，要从色、香、味、形四个方面来判断。

其中，"色"指茶叶和茶汤的颜色，"香"指茶叶的香气，"味"指茶汤的滋味，"形"指茶叶干茶的形状。

通常来讲，好茶冲泡后汤色清澈、明亮；闻起来香气纯正、无杂异味；喝起来口感甘甜饱满，嘴巴里有回甘和生津，苦涩少而回味迅速；看起来外形匀净、整齐。

2. 如何能够最简便地分辨茶的真假好坏

有不少人，尤其是喝茶很少的人，问过我同样的问题，即如何能够简便地分辨茶的真假好坏。

首先，现在来讲，茶基本没有假的。什么是假茶呢？非茶树原料做的，却冒充茶卖给你算是假的。但是现在的情况，更多的是，商家以次充好，而不是拿别的树做出来的当作茶卖给你。这种行为算是欺瞒、不正常的商业行为，却算不上是出售假茶。

其次，茶虽然现在很少有假的，却有优劣好坏之别。那么如何简便地辨别茶叶的好坏呢？比较简单的办法，就是不要听商家的引导，而是凭自己的口感、身体来辨别。通常，好的茶会比较甘甜，有回甘和生津；就算有苦涩的滋味，苦涩却能够化开，而不是黏着在口腔持续很久。不过，这只是最粗浅的办法，如果想要真正辨别茶的好坏，还需要认真、系统地学习品茶。

3. 通过照片能判断茶叶好坏吗

许多人给我发过茶叶的照片，问我照片里的茶好不好？

通常而言，判断一款茶好不好要从色、香、味、形四方面综合来看。看照片的话，只能够约略看出茶叶的大致形态和嫩度。在照片里干茶的色泽会有一定程度的失真；并且，茶叶的香气和味道无法从照片中断定；最后，叶底的弹性、色泽也难以据照片判断。

因此，如果看照片的话，只能判断出该茶的大概选料嫩度、储存状况，但是对于其真实的品质好坏，并不能判断。毕竟茶是入口的饮品，只靠眼睛是无法判断好坏的。

4. 什么是老茶

首先，我们需要确定一下，我们通常所说的老茶是指储存了一定年份的茶，而不是指茶树的年岁老（它叫老树）。

具体储存多少年能称之为老茶，不同的人有不同说法，比如普洱茶，有人认为储存十年以上是老茶，也有人认为储存二十年以上才是老茶，具体存放多少年是老茶，目前业内尚无定论，不过二十年以上肯定都被认可是老茶的。通常来讲，每个人认定老茶的年份，是与其日常所喝茶的年份相比而言的。

其次，老茶都有哪些茶呢？虽然通常来讲，只要存放了很多年都可以称为老茶，但是根据目前市场上的流行趋势以及经验来讲，人们更倾向于饮用普洱茶的老茶，其仓储量也比较多。

另外，白茶和黑茶的老茶在近几年也比较流行。以及，乌龙茶和红茶亦有存储几年再饮用的说法。可以说除了绿茶和黄茶之外，其他茶类在市面上均可找到老茶来饮用。

5. 老茶是好茶吗

不一定。因为首先有些茶适合储存成老茶饮用，比如普洱茶、白茶、黑茶等；有些茶却不适合储存，比如绿茶、芽形的红茶、黄茶等。其次，就算是适合储存成老茶饮用的茶，也不是越老越好，还要看储存的条件。如果储存条件不当，茶叶受潮、发霉、日晒或吸收了异味等，那么这样的茶叶就算再老，也不是好茶。

6. 什么是明前茶

每年春茶上市的时候，许多人在询问新茶时，会听见诸如明前茶、雨前茶、头春茶等词，并且往往拥有这些名字的茶都价值不菲。

那么什么是明前茶呢？

明前茶里的"明"字，指的是清明，意即清明前采摘制作的茶。明前茶代表采摘时节，与茶叶品质并无直接关系，但是因为产量稀少，所以价格较高。

7. 明前茶一定好吗

大家都知道绿茶尚早、尚鲜，所以许多人爱追捧"明前茶""头春茶"，但是这些真的是好茶吗？

其实，绿茶所谓的尚早、尚鲜的概念，是相对而言的，明前茶并非一定好。

比如，有一些茶树的树种，属于新培育的早生种，甚至在二月份就能够抽芽采摘，这样的茶上市自然就早，但是品质未必比得上传统晚生芽的树种；另外，许多生长在平地的茶，采摘时间往往也在明前，要比同地区的高山茶早得多，但是品质却未必比高山茶优异。再有，中国茶区产地辽阔，云南、浙江、安徽、四川等地纬度不同、气温不同、树种不同，茶树发芽早晚自然也不同，所以不能一概而论明前茶一定是好的。

8. 什么是雨前茶

雨前茶，也是新茶上市之际，许多人常常挂在嘴边的词语。它与明前茶类似，都代表采摘时节，具体品质与采摘时间并无直接关系。

顾名思义，雨前茶是指谷雨前的茶。这里的雨，指的是谷雨，即二十四节气之一，而不是指天气阴雨前或者节气雨水前。很多产于高山的茶，在清明前往往还没有发芽，谷雨前采摘才是这种茶叶的最佳采摘时间，所制茶叶才能内质丰厚，品质上佳。

9. 什么是头春茶

新茶上市之际，我们经常会听到茶商、茶农强调头春茶的概念。那么，什么是头春茶呢？

头春茶的重点在于"头"字，也是指"头采茶"，它并非特指早春的茶，而是指某一片茶园春季第一次开始采摘的茶叶。

有一些茶，可能要到谷雨前几天才开采，但只要是茶园的第一轮采摘，那么就是头春茶。所以，头春茶往往也被称为"开园茶"。

10. 什么是早春茶

早春茶，顾名思义，是春天早期的茶叶，是指茶叶采摘的时间十分早，甚至在二三月份即可采摘。

早春茶往往价格不菲，因为早春时节天气寒冷，茶叶萌发很少。但是，同样因为茶叶萌发偏早，哪怕是头春采摘，茶叶滋味也往往偏淡。

现在市场上的早春茶，许多是新培育的茶树树种，与传统原始种和当地土种品质上会有不同。

需要注意的是，早春茶只是一个概念，并不是茶叶品质的一个判断标准。

11. 什么是名茶

名茶是指具有一定知名度的好茶，它通常具有独特的外形和优异的色、香、味等品质，之所以形成名茶，往往有历史渊源、人文环境或优越的自然条件等。

▲ 历史名茶与传统名茶：黄山毛峰

名茶有现代名茶和历史名茶之分。

现代名茶，包括传统名茶、恢复历史名茶和新创名茶。西湖龙井、洞庭碧螺春等为传统名茶；顾渚紫笋则为恢复历史名茶，即未能持续生产或已失传，而后又恢复的名茶；新创名茶则更多了，如金骏眉、岳西翠兰等。

历史名茶，则是在我国数千年的社会制度下，在历代贡茶制度下产生的种种贡茶，以及各名茶产地在历史上曾生产的品质优异的好茶。比如蒙顶甘露、径山茶、虎丘茶等都属于历史名茶。

在某些时候，传统名茶与历史名茶会有重合，并不特指。

12. 什么是大宗茶

很多专业做茶的人，说起茶往往会提到名优茶和大宗茶的概念。名优茶尚好理解，为有名的、优质的茶。大宗茶又是什么呢？

大宗茶是茶行业的一个术语，一般是指一次大量制作的茶，其采摘等级较低，对嫩度和采摘季节要求不高，大多用机械加工方法制作而成，产量大而品质稳定。

大宗茶不是名优茶，是国内外市场上销售的主体茶类，包含了绿茶、红茶、青茶、白茶、黄茶、黑茶六大类。

一般来讲，绿茶里的眉茶、珠茶等，红茶里的工夫红茶、红碎茶，普洱茶里的"7572"等均属于大宗茶的范畴。我们在超市里、市场上所买到的，大部分都属于大宗茶。这种茶往往产量较多、品质稳定。

13. 什么是名优茶

名优茶类是一种简单的归纳，是指采摘精细、品质优异的茶。名优茶不仅包含了传统名茶，如洞庭碧螺春、黄山毛峰等，它还包括了许多新创制的名优茶，如安吉白茶、金骏眉等。

一般来讲，名优茶要符合以下几点要求：第一，属于名茶；第二，采摘细嫩，制作精良；第三，色、香、味、形品质优异；第四，具有特殊的品质特点；第五，具有较高的经济价值。

现在而言，我们喝到的绝大多数茶，其实第三、四点往往很难达到，大部分是名茶，而非优茶。

14. 著名山头或产地的茶一定好吗

不一定！

一般来讲，就算是著名的山头或产地，因茶园朝向不同、海拔不同、树种不同等，茶叶的品质会有很大差别。再者，同一山头的采摘时间、树种等也不完全相同，茶叶的品质就更是千差万别了。最后，就算采摘了非常好的原料，但是若制作工艺不够完善，中间任何一道工序出了问题，都会直接影响品质。

因此一款茶的好坏，一定是多种因素综合作用的结果，而不能仅凭产自名山头或名产区就妄下论断，一定要就茶论茶，而不过度迷信某个词语或概念。

15. 参加比赛获过奖的茶一定是好茶吗

如今斗茶比赛层出不穷，各产地均会举行，每次比赛均能产生金银铜奖。可是不少比赛的评审制度不够完善、审评人员专业素质不一，因此所评之茶的含金量自然也无法保证。且因为比赛兴盛，人们对比赛茶的追捧越来越多，追求比赛奖项已成为一些茶商、茶厂、茶企追名获利的一种手段，比赛不再是茶叶品质的比拼，而变成了茶商、茶厂、茶企私下的角逐；更与原本为了刺激茶叶市场，提高茶农制茶技艺，帮助茶农、茶商销售改善生活才举办斗茶比赛的初衷背离了。

所以不要过度迷信茶叶是否得过比赛奖项，具体还是要看茶品本身，通过品鉴而评判茶叶品质。

▲ 台湾斗茶赛的获奖比赛茶

16. 什么是有机茶

有机的概念现在很流行，有机茶作为茶的一种，自然也常被提及。

有机茶，是一种按照有机农业的方法进行生产加工的茶叶，在其生产过程中，完全不施用任何人工合成的化肥、农药、生长素、化学添加剂等物质，采取自然农耕，利用生物或物理方式防治病虫害，符合国际有机农业运动联合会标准并被授予证书。

但需要注意的是，有机茶并非判断茶叶品质的标准，它是在茶企采取的标准（国标、地标、行标、企标）基础之上，更进一步规定的茶树种植和加工所应遵守的规定和标准。

也即，有机茶这个概念提供的是种植、加工的一种特定标准和条件，而非茶叶品质的好坏。

同样需要注意的是，在市场上，许多人会告诉你这是有机的茶等产品，他们所表达的意思往往是指没有打农药，却并不是真正意义上的有机。

因此我们在选购茶叶的时候，听到有机这一概念，不要盲目相信，要确定是否是真正的有机种植。

17. 有机茶一定是好茶吗

因为食品安全问题，许多茶叶销售者会着重介绍茶是"有机"的，企图以此作为茶叶品质的保证。但有机茶并非都代表好茶，有别于其他农副产品，茶叶除了采制之外，还要在适当的天气条件下经过一系列加工，才能决定该茶品质的优劣。

有机茶因为不施加任何化肥、农药，并且经过数年的特殊管理，其茶树氨基酸含量相对较少，而呈苦涩味的多酚类物质较多，而且采摘的茶叶越嫩，其苦涩越明显，因此更需要精湛的制作工艺才能得到好茶。

只能说，有机茶符合了我们对于食品安全的需求，但是单纯就品质而言，却并不一定好。

18. 有机茶和具有农残检验报告的茶是一回事吗

有机茶是在其生产过程中用自然农耕的方法，不使用任何人工合成的化肥、农药、生物添加剂等培育而成的，且有认证组织颁发的有机证书；而农残检验报告是送检者委托第三方检验机构进行检测，根据国家标准分析所送检茶叶的农药残留是否符合国家甚至欧盟标准而出具的报告。

一般来讲，有机茶均能通过国家标准的农残检验；而具有农残检验报告的却不一定是有机茶。因此，二者不是一回事。

19. 持有农残检验报告的企业，所产的茶是不是都能相信

一般第三方机构所出示的检验报告仅指所送检样本的那批次茶叶具有效力，而不代表送检企业的所有茶叶。

若同一批茶叶分不同批次进货，那么这批茶叶则每批次均要送检。

这样一来，送检的金钱成本和时间成本非常昂贵，所以有些企业只送检某批次的茶叶，然后将检验报告用于所有产品，因此并非有农残检验报告的企业就一定能相信。

其实原本农残检验报告只是茶农、茶商、茶企对自身品质管理的工具，现在却成了一种营销手段，这是本末倒置的行为。

20. 纯手工制作的茶比机器制作的茶好吗

不一定哦！虽然品质很好的名优茶大部分是纯手工制作的，但是纯手工制作的茶并非品质都好。这二者并不是对等的关系，因为纯手工制作的茶，十分考验制茶师傅的制作手艺，比如对于锅温和叶温的掌控，翻炒茶叶的速度，对于茶叶微妙的温度、湿度的把控等。掌控好这些因素，制作出的茶就会有非常好的品质。但如果掌控不好，很容易就会工艺不到位，或者产生焦煳味、烟味等，这样的纯手工茶，肯定不如工艺到位的机器制作的好。

纯手工和机器制作，这两种工艺各有利弊，不存在哪一种工艺更好的说法。

21. 贡茶的品质一定好吗

许多人听到某茶在以前是贡茶，便会肃然起敬，认为这种茶的品质一定特别好。

其实，我们国家历史悠久，几乎我们能叫出名字的茶都曾成为过贡茶。在历史上，贡茶分为两种，一种是"不定期贡"，这种贡茶的品质比较高，一般由地方官员直接进贡给皇帝，这种贡茶会进入宫廷的茶房；另一种则是"土贡"，这种是地方官员每年必须主动上贡的物品，可以通俗地理解为"土特产品"，是带有实物税性质的茶，这些会进入内务府的茶库。

综上所述，同样都是贡茶，其品质和性质却有很大不同，所以不要过度迷信"贡茶"这一词语，要就茶论茶地探讨品质。

22. 荒野茶和野生的茶是一回事吗

野生大茶树，是指非人工栽培、也很少被采叶使用的乔木或小乔木型大茶树。它们通常是在一定的自然条件下，自然繁衍生存下来的一个茶树群体。

而另有"荒野茶"一词，与野生大茶树不同，荒野茶是指早先人工栽培，后因缺乏管理而荒芜的茶树。大家不要将这两种概念混淆。

现在市场上，有不少打着"野生大茶树"名号的茶叶，这往往是一种营销手段，事实并非如此，这些茶叶根本不是用野生大茶树叶所制作的。

23. 什么是调味茶

与中国喜欢清饮的习俗不同，西方国家更喜欢调味茶，比如英国下午茶里十分著名的伯爵红茶，就是其中一种。

调味茶不同于我们常见的窨制而成的茉莉花茶，而是"掺和"制成，即将已经制成的茶品与花、果等掺杂混合，改变调和一下原本茶品的风味，以增加市场的品类和销量，如陈皮普洱便是调味茶的一种。

另外，经常会有人买到掺杂了玫瑰花的红茶，其茶汤带有玫瑰的香气，这种掺了玫瑰花的红茶并不属于花茶，而是属于调味茶的一种。

24. 什么是毛茶

按照定义来讲，需要再次精细加工的茶叶，称为毛茶。毛茶经过加工后，才能够成为市面流通的成品茶。六大茶类中，刚刚制作出来，未经过挑拣、分级等的茶，均为毛茶。

不过因茶类不同，老嫩不同，对于品质、外形等要求不同，毛茶的加工方式也有所不同。如白毫银针，只要稍拣去碎片、杂物即可，而铁观音则需要挑梗、普洱茶需要蒸压、武夷岩茶需要文火慢炖等精制过程。

25. 如何识别陈茶和新茶

其实，新茶和陈茶都是相对的概念。一般来讲，从3月份开始，茶树陆续发芽，新茶相继上市，那么之前的茶才算是陈茶。

通常，陈茶因为储存的时间问题，在光线、水分、空气和温度的作用下，会使茶叶内形成色、香、味、形的物质（比如酸类、醛类、酯类）和各种维生素等遭到破坏或氧化变质，茶叶因此失去光泽而变得灰暗，汤色浑浊泛黄，香气低闷，条索松散，品质降低，这也是自古以来都"茶以新为贵"的原因。

广西六堡茶、云南普洱茶等，却能够久藏不变，茶叶品质反而会提升。

26. 紧压茶一定是黑茶吗

很多人看到饼茶、沱茶、砖茶等各种形状的茶，就以为这些茶是黑茶。其实不然，形状只能判断该茶属于紧压茶，却不能借此判断茶的种类。无论是饼、沱还是砖，尽管形状不同、大小不一，但它们都是紧压茶，在茶叶分类上，应属于再加工茶。

▲ 普洱熟茶的紧压茶

理论上，任何种类的茶叶均可再加工制成紧压茶，除了传统会压制成紧压茶的黑茶之外，红茶里的米砖茶、乌龙茶里的漳平水仙，以及如今流行的白茶饼等，也都是紧压茶，而它们却不是黑茶。

27. 茶梗多有什么滋味特点

在教课的过程中，有的学生说"更喜欢茶梗多的茶，因为这样的茶感觉更好喝"。

其实，就我国制茶经验而言，很少采用茶梗制作。反而会在做好毛茶之后，在精制的时候特地把茶梗挑拣出来。第一是因为茶梗混在茶叶中，会影响茶叶的美观度，从而降低茶叶等级；第二则是因为茶梗中含有的化合物，较多的是能转化为茶叶香气的芳香类物质，而能够转化为茶叶滋味的物质较少，做出的茶会香高而味淡，对于品质的帮助不大。

所以，如果一份茶的茶梗很多，甚至是用纯茶梗做的，这样的茶更香，但味道却淡薄了。许多刚开始喝茶的人，会比较喜欢这种茶。

▲ 茶梗多的普洱茶（上图）与茶梗少的普洱茶（下图）

市场上常见的作假方法

1. 什么是"做仓"

做仓，严格来讲是一种作假行为。老茶盛行之后，一些人利用老茶的基本特点，如汤色变深变红、香气变陈、滋味变醇甜、叶底变红褐等，将新茶故意放入特定环境的仓库里，令其品质发生巨变，使其在短期内即可达到在自然条件下储存十几年甚至数十年才能达到的老茶汤色和香气。

这样做仓出来的"老茶"，尽管看起来汤色红亮，闻起来陈味浓郁，但是喝起来口感粗糙，令人难受。

2. 什么是"退仓"

退仓，并不是指退出仓库，它常用作贬义，是指经过做仓了的茶叶，为避免被人识破，让新茶加剧陈化后，于干燥、清洁的仓储环境里再放置一段时间，令在做仓仓库里的潮气、霉气散掉，使茶叶干度变得正常，而后再进入市场。

这种经过做仓又退仓的"老茶"，在市场上较多，真假难辨，非常考验品茶人的火眼金睛。

3. "老茶"作假都有什么特点

一般来讲，普洱茶做旧的"老茶"通常都采取高温或高湿的方法来作假。作假后的茶，汤色、口感近似老茶，却又不完全相同。

通常，高温能够使茶的汤色变红、变深，滋味苦涩而难以化开；而高湿则使茶的潮味、陈味乃至霉味更加显著，但是汤色浑浊，口感偏淡而粗糙，有杂味。

作假的方法一般有高温高湿、低温高湿和高温低湿等几种方法。另外，成品茶长期日晒或暴露在光线下，也可以使茶叶的汤色变红、变深，且显老。这都是老茶常见的作假方法。

4. 老白茶做旧有几种方法

老白茶现在十分受欢迎，因此品质良莠不齐，许多以假乱真的茶品出现。那么现在我们就来聊一聊，老白茶一般都是如何做旧的。

首先，如今最常见的做法就是制作粗老原料的白茶，如贡眉、寿眉时，进行闷堆。即在进行萎凋后，将茶叶堆在一起，利用茶中剩余的水分进行氧化。这种方式的萎凋工序往往时间不够，为了更快地令茶叶变得口感甜滑、色泽黄红，几乎没有青涩口感。这种方式制作而成的白茶，也是如今市面上许多人喜欢的老白茶的口感。其实，如果商家没有把这种当年就做成的口感冒充自然放老的老白茶的话，这种做法无可厚非。

第二，潮水的渥堆。这种做法，其实是将已经制作好的老白茶，再加水回潮进行"发酵"，但是这种方法一个不慎就很容易出现非常难闻的杂味、酸味等，因此虽然也能够让茶叶的汤色快速转化，但是滋味却没有变化，口感十分干燥、粗糙，令人不愉悦。

第三，把一些新的牡丹、寿眉等，放在通风、潮湿的环境中，敞口或散放，这样能够吸附空气中的氧气、水分，茶叶也能够快速地转化，使其色泽显老。

第四，萎凋后，把茶叶进行揉捻和渥红，这样做出来的老白茶色泽红亮，口感也偏向于红茶的甜感。

第五，将新老白茶进行拼配。这种做法常见于紧压茶内，即将一部分老白茶和新的压制在一起，经过蒸压后，令新的口感青涩度降低，再加上老白茶的甜润，就提高了经济利益。这样的茶叶，往往叶底会有两种不同的颜色，看叶底就能够明显地分辨出来。

第六，制作不当。有一些量很大的白茶，萎凋时摊放不当，比如过厚；或者天气过热，未及时翻查等。这样的茶叶，摊在底层的就会过热而红变，乃至变黑。这样的老白茶也比较容易辨认，即会有许多暗黑的叶片和红褐色的叶片夹在一起。

其实老白茶做旧的办法有这么多，但并不一定是单一做法，有许多人会几种做法相结合，就更令我们防不胜防了。要知道老白茶非常少，若是真的老白茶，价格肯定不低，不贪图小便宜就能够相对地避免上当。

▲ 作假50年的老白茶叶底，呈干枯的黑褐色，真正的50年老白茶的叶底要更润活

▲ 作假50年的老白茶汤色较为金黄，真正的50年老白茶的汤色比图中颜色更深，但很多作假的老白茶，只看叶底或汤色，和真茶难以区分，只能通过品尝来做进一步判断

捌

茶叶的保存

1. 茶叶储存需要注意什么

　　一般来讲，茶叶储存有几点需要格外注意，即要保持通风、干燥、避光和阴凉，这样的环境下茶叶才不会加速劣变。另外，有些茶需要放在冰箱中保存，比如绿茶、黄茶、轻"发酵"的乌龙茶等；而也有些茶则不需要放在冰箱，比如六堡茶、岩茶、普洱茶等。除了满足以上几点外，还应注意不要将茶叶储存在恒温恒湿的环境中。要让茶叶处在自然的环境中，所以，不放冰箱的茶叶，其储存的大致条件和温湿度应符合春、夏、秋、冬的气候特点。这样储存的茶叶口感才具有活性和丰富性。

2. 储存绿茶时，含水量为什么要控制在4%左右

　　茶叶容易吸潮，遇水容易变质，因此要做干燥。但是，既然茶叶有一定的含水量就会变质，那么为什么不做1%的含水量处理甚至更低呢？

　　虽然茶叶容易吸潮，但含水量却并非越低越好。一般来讲，单分子层状态是脱水食品储存保鲜的最佳含水量。在这样的含水量下，茶叶既不容易吸收空气中的水分，又不会被自身的水分氧化。

　　而茶叶的单分子层状态的含水量在4%～5%，这也就是为什么绿茶通常会把含水量控制在4%左右的原因了。

3. 家庭中怎么储存绿茶

绿茶品饮注重的是"鲜爽",因此需要冷藏保存。在日常生活中,冷藏最常见的方式就是存放在冰箱中。

一般来讲,有条件的话,最好买一个小冰箱专门用来保存绿茶、轻"发酵"铁观音等。如果没有条件,因为茶叶极其容易吸附异味,同瓜果蔬菜一同放入冰箱的茶叶就特别需要注意防异味。

正常而言,若茶叶没拆封,则把茶叶连同原包装一起放入一个大铁盒即可;若已拆封,则需要用夹子把茶叶袋口夹紧,连同原包装一起放入铁盒内,并在铁盒外侧裹上一层保鲜膜以隔绝气味。另外,保险起见,铁盒内需额外放置竹炭包,用以吸潮、吸异味。

4. 茶叶能放紫砂罐或者陶罐里保存吗

许多人都喜欢喝老茶,因此会将买回的新茶先储存起来。那么如何储存就很重要了。茶叶是否能放进紫砂罐或者陶罐里保存,这个问题不是简单能够回答的。

虽然紫砂罐或陶罐有气孔,具透气性,看起来能够更适宜茶叶进行氧化反应,促进转化。但需要注意的是,若在南方地区,天气多雨潮湿,茶叶则不建议储存在紫砂罐或者陶罐内。因为茶叶需要一定的干燥度。而无论是紫砂罐还是陶罐,都属于陶器。而陶器的气孔结构能够吸附空气中的水蒸气,进而让茶叶也受潮变质。

如果是在干燥的北方地区,将茶叶储存在紫砂罐或陶罐中,则需要进行一些特殊处理。虽然空气中没有水分,但是,这些陶器却能够吸收茶叶中的香气分子,使茶叶香气滋味变得寡淡。但是如果进行特殊处理,比如提前放入一些茶叶渣吸味,使陶器不再有土味,也不再吸味后,那么再储存茶叶就没有问题了。

5. 为什么茶叶一定要避光储存

大部分人都听说过茶叶要放在阳光无法直射、避光的地方储存，你知道这是为什么吗？虽然茶叶本身不能发光，但光是一种能量。光线照射会提高茶叶的能量水平，对于茶叶储存产生极为不利的影响，从而加速了各种化学反应的进行，进而导致茶叶褪色、变质、产生异味。所以茶叶一定要避光存储，这样才能降低其陈化的速度，使其保持良好的口感。

▲ 适合真空包装的铁观音

▲ 不适合抽真空的绿茶

6. 什么茶需要抽真空保存

一般来讲，茶叶真空保存的原理是隔绝空气，即杜绝茶叶氧化、陈化劣变。

尽管需要保鲜的茶叶有绿茶、黄茶、铁观音等多种，但因为抽真空时，茶叶的包装袋会收缩，茶叶不可避免会受到挤压，因此只有铁观音等半球形、相对更耐挤压的茶叶才适合抽真空保存。

绿茶、黄茶等条索完整、容易碎的茶叶，则不可抽真空保存。

7. 茶叶充氮是什么意思

市场上有一些茶叶包装会宣称采取茶叶充氮的技术，那么茶叶充氮是什么意思呢？

茶叶充氮是近些年比较流行的一种茶叶储存方法，因其操作成本

问茶
茶事小百科

较高，故常用来保存名优茶，尤其是小包装的名优茶。

氮气的化学性质不活泼，在低温、常温下很难与其他物质发生反应，因此常用作保护气、防腐剂。茶叶充氮则是利用这一原理，用特定的机器将茶叶包装袋内的空气抽出，同时充入氮气后封口放入箱中。若放入冷库中，储存时效更长、品质更佳。

茶叶充氮是为了让茶叶保鲜，所以绿茶等需要保鲜饮用的茶叶才比较适合这种保存方式，而普洱、武夷岩茶、白茶等流行长时间储存和喝老茶的茶类，则不适合。

8. 储存是否得当与茶叶品质稳定有何关系

储存茶叶的容器要求有一定的硬度、没有异味且不吸味，并且要避光。意即足干的茶叶要放在不受外力挤压的茶箱、茶桶或茶罐之中，这样储藏后的茶叶直度会比储藏前要好；但是若将茶叶储藏在软质的容器（比如塑料袋、布袋）中，则很容易遭受外力挤压，这样储藏后就会有很多碎末状的下段茶。

另外，足干的茶叶储藏在干燥的环境中，形状变化很小；若储藏在湿度较大的环境中，茶叶会吸收水分而涨大、松散、发软，若吸水过多，比如超过了12%，茶叶则会发生霉变，出现霉花、菌丝，霉变严重的茶叶还会粘在一起结成块状，霉变轻的茶叶筋骨差，霉变严重的叶底霉烂不成形。

最后，茶叶长时间储藏后，叶底将会不展，并有发硬感。因此，要使茶叶形状在储存中不发生改变，则一定要保证茶叶充分干燥，茶叶含水量控制在6%以下。

9. 红茶能长期储存吗

如今，普洱茶、黑茶、白茶等茶都已经开始流行长期储存。那么，不免有人会产生疑惑：红茶能够长期储存吗？

其实，这并不一定。红茶需要储存在干燥、通风、无异味的地方，并不需要严格保鲜。但是，这并不代表红茶与黑茶、白茶一样可以长期储存。

一般来讲，红茶如果长期储存，则容易香气低陈、滋味劣变，比如金骏眉、新工艺祁红等，储存一年后饮用，则花果甜香几乎消散殆尽，滋味也不再鲜甜醇厚。

不过，传统的具有松烟香的正山小种则例外，它的储存时限比工夫红茶略长，主要因为当年的正山小种的松烟香过于张扬，许多人无法接受，而储存一年后饮用则香气转化平稳，滋味比当年更为甘醇，桂圆汤味更为显著。

10. 普洱生茶存放时间长了，会变成普洱熟茶吗

喝过老普洱生茶的人，会觉得它很像熟茶，因此就产生疑问，普洱生茶放久了，会变成普洱熟茶吗？

答案是否定的，普洱生茶无论放多久，都不会变成普洱熟茶。因为生茶和熟茶，是利用两种完全不同的工艺制成的。

普洱生茶的制作工艺：杀青—揉捻—晒干—蒸压—干燥—成品紧压茶

普洱熟茶的制作工艺：杀青—揉捻—晒干—渥堆—干燥—普洱熟散茶—蒸压—干燥—成品紧压茶

普洱熟茶比普洱生茶多了一道渥堆工序，这是普洱熟茶区别于普洱生茶的关键工序，也是形成普洱熟茶陈醇红浓品质的重要原因。

而经过长时间存放的普洱生茶，虽然汤色渐红浓、滋味渐陈醇，却只是滋味和香气与普洱熟茶的渐渐趋同，但不可能成为经过了渥堆工序的普洱熟茶。

11. 普洱茶发霉能拿出去晒吗

随着普洱茶"越陈越香"特质的家喻户晓，许多人家中都或多或少都存有一些普洱茶。但是在南方，尤其是广东、上海等地区，因为多雨潮湿，家里存放的普洱茶很容易受潮发霉。而等到天一放晴，就赶紧拿出去晒干。许多普洱茶的原料是晒干的晒青毛茶，人们就理所当然地以为将普洱茶放到太阳下晒干补救也可以。

但是，一定切忌如此，因为毛茶原料虽然是晒干的，但是那时的晒是有目的地干燥，使茶叶保有特定的品质特点。但是加工成了成品的普洱茶，则应存储在

阴凉、干燥、避光之处，如果因为受潮发霉就拿去晒太阳，只能在其劣变的基础上，更因为光化学反应加速劣变。

那么发霉的普洱茶其实已经不能喝也不能要，更难以补救，只有丢弃。而如果只是发潮，并未发霉，那么就请立即把茶叶转移到干燥的地方，或者用保鲜膜、塑料袋等一切可能防潮隔绝空气和湿气的物品将其隔绝起来，这样的补救措施虽然并不能让茶叶恢复原样，但却能有效阻止茶叶继续受潮进而发霉，避免情况进一步恶化。

▲ 发霉的普洱茶，表面有白斑和干枯

▼ 存放了18年的普洱茶，表面油润有光泽

12. "越陈越香" 这个词是如何产生的

随着这些年对茶的普及，"越陈越香" 已经变成大家对普洱茶的第一印象。那么这个词是怎么产生的呢?

就本人查阅资料显示，最早使用此词的却不是普洱茶，而是广西六堡茶。在很久以前，香港茶商常以"陈六堡""不计年"作为六堡茶的商标。而"陈"是六堡茶的重要品质，因此其制作过程中必不可少的重要环节就是"凉置陈化"，即以篓装堆，贮于阴凉库房，来年运销。这个词语后来被普洱茶借用，并在近些年来发扬光大，就使得人人都知道这个词了。

13. 什么是陈味

茶叶经过长时间存放以后，自然出现的香气味道，被称为陈味。

白茶、普洱茶、黑茶、乌龙茶等，不论茶类，只要长时间地自然存放，都会出现陈味。

但是，陈味与仓味、霉味不同，陈味是一种在自然、干燥、干净的环境中存储后的味道，闻起来是自然的、清透的、干净而干燥的。而仓味与霉味，则往往是储存在潮湿、高温、闷热等环境中形成的味道，闻起来刺鼻、不舒服，严重者甚至会头晕、恶心。

玖

你不知道的古代茶闻

1. "茶"字的由来

在古代，茶的名称或代指非常多，比如荼、茗、荈诧、皋芦、槚、蔎、水厄等，均被认为是茶的异名同义字。在这些字里，用得最多、最普遍的则是"荼"字。

但是，荼字不仅具有茶的含义，它还有"苦菜"等意思，因此随着饮茶风气的盛行，"荼"字的使用越加频繁，于是就渐渐地从一字多义的"荼"字里衍生出了"茶"字。

在唐代陆羽的《茶经》中，将"荼"字减少一画，改写为"茶"，古今茶书里的"茶"字的音、形、义，也从此固定下来。

2. "水厄"为什么被指代为茶

"水厄"作为茶的一个代称，起源于三国魏晋时期，那时候饮茶之风渐盛，不习惯饮茶之人将茶戏称为"水厄"。

南朝刘义庆之《世说新语》有记载："晋司徒王濛好饮茶，人至辄命饮之，士大夫皆患之。每欲候濛，必云：'今日有水厄。'"（译：晋代王濛爱喝茶，有人来就让人喝，士大夫都很害怕。每次去见王濛，一定会说："今天有水厄"。）

另，《洛阳伽蓝记》亦有关于这个词语的记录："（刘缟）专习茗饮，彭城王谓缟曰：'卿不慕王侯八珍，好苍头水厄。'"（译：刘缟专心学习饮茶，彭城王对他说，你不喜欢王侯爱的美食八珍，却爱喝茶。）

因为以上种种记载，才有如今将"水厄"代指为茶，意为嗜茶的说法。

3. 中国有茶道吗

中国最早出现"茶道"一词，是在唐《封氏闻见记》里所说："于是茶道大行，王公朝士无不饮者。"陆羽好友皎然，也在"孰知茶道全尔真，唯有丹丘得如此"提到"茶道"二字。明代陈继儒曾在《白石樵真稿》中说，当时茶的蒸、采、烹、洗"悉与古法不同"，但有些人"犹持陆鸿渐之《经》、蔡君谟之《录》而祖之，以为茶道在是"。由此可见，这些"茶道"的含义相当于茶事、茶技、茶艺等，与日本的"茶道"或许多人以为的具有哲学意义的"茶道"大不相同。

中国茶业史发展到现在，"茶道"一词发展到现在，其哲学含义上的内容却一直没有流行起来，并不代表我们没有"茶道"，或许我们只是不需要，或者，我们所拥有的"茶道"和日本哲学含义的"茶道"不同而已。

4. 唐代的喝茶方式和现在一样吗

唐朝时饮茶之风盛行，那么唐代的饮茶方法与现代相同吗？

其实，从唐代至今，历时多年，我们的制茶方法和饮茶方式早已历经多次变革，变得完全不同了。

茶的历史在中国很悠久，据《茶经》记载，那时候（公元764年）的茶基本都是制成了"饼"的形状，民间常用的饮用方法是"或用葱、姜、枣、橘皮、茱萸、薄荷等，煮之百沸"。虽然在《茶经》之中，陆羽抨击了这种流行的饮用方法，但是作为一本七千余字、作者自己定义为《经》的书籍，特地花费不少字数来单独吐槽，可见其普遍性。

现代的大家可以想见，按照当时流行的方法，茶叶与这些具有浓重刺激气味的辛香料煮成的茶汤，是怎样一种既咸且辣的口味。而陆羽在《茶经》里用的喝茶方法，也是把饼茶碾碎，然后投入煮开的水中，再分在茶碗之中品尝。这种方法，几乎已经湮没在历史之中，只有少部分的偏远地区，比如云南、湖南、甘肃等部分地区，还有少许部落、村落的人们沿用。

如今，饮茶早已注重清饮，采取功夫泡法，把原叶茶放入盖碗或壶中，待水烧开后注入，再从盖碗或壶中出汤，分入小品杯中，一杯一杯细细品尝。

5. 宋代是如何斗茶的

宋代有斗茶的习俗。宋代斗茶一般有两种形式，一种是着重击拂的效果，如诗句"争新斗试夸击拂"，要求斗茶"周回旋而不动""谓之咬盏"，这样"着盏无水痕"才是好的。这种斗茶方法可以简单理解为斗的是泡茶手法。另一种则重视品尝茶味，比如诗中"斗茶味兮轻醍醐"，则是从味觉方面比斗，如范仲淹《和章岷从事斗茶歌》中所说："其间品第胡能欺，十目视而十手指。"则可证明是从味觉比试，而不是验水痕。这种斗茶可以理解为斗的是茶的品质。

按照我们现代的理解，宋代的斗茶主要从两个维度进行：泡茶和茶味，这与现代人的斗茶方式是基本相通的。

6. "前月浮梁买茶去"里买的是什么茶

"商人重利轻别离，前月浮梁买茶去"，这句诗来自唐代白居易的《琵琶行》。在唐代，浮梁不仅仅是茶叶生产地，也属于茶叶集散地。

唐代时浮梁辖区包括了如今的祁门县，而休宁、歙县所产的茶叶也是以浮梁为集散地的。另外，唐代所产的茶叶以蒸青绿茶为主，类别有片茶、散茶、粗茶等。

浮梁既然作为集散地，那么茶叶自然不仅只有一种，因此具体买的是什么茶，单从诗句里较难判断，只能大致推断为蒸青绿茶。

7. 在古代，茶叶的采摘季节是什么时候

唐代陆羽《茶经》说："凡采茶，在二月、三月、四月之间"，也即如今阳历的三月、四月、五月间。也就是说，在唐代，基本上只采春茶，而夏秋茶极少采用。

而据史料记载有采摘夏秋茶的，则是在明代以后了，许次纾《茶疏》有载："往日无有于秋日摘茶者，近乃有之。秋七八月重摘一番。"

时至清代，则认为秋茶不宜过多地采摘，需采、养结合。

8. 唐代都有些什么茶

唐代饮茶之风颇盛，《茶经》记载那时的茶形态有粗茶、散茶、末茶、饼茶四种。

得益于许多文人士大夫对茶文化的推动，唐朝时期的名茶有许多，比如安徽霍山的寿州黄芽、潜山的舒州名茶，浙江长兴岛顾渚紫笋，湖北蕲州的蕲门团黄；四川剑阁以南的昌明神泉等。然而，虽然这些茶品在唐代很出名，但是时至今日，无论是茶名品类还是制作工艺，大多已经失落了。就算有一些茶名依然存在，但是制作工艺也不再是唐朝的做法，而已经改为现代做法了，比较典型的就是顾渚紫笋。

9. 什么是粗茶

有诗云："粗茶淡饭饱即休，补破遮寒暖即休。"

如今，"粗茶淡饭"早已成为百姓日常生活的重要构成部分，那么"粗茶"是什么茶呢？早在唐代陆羽《茶经·六之饮》就有"粗茶"一词，唐代的茶叶制作工艺主要是蒸青绿茶，而粗茶也是如此，但是区别于茶饼，这里的粗茶指的是连同嫩梗一起采摘制作而成的散茶。

而如今所说的粗茶，含义则更为广泛，主要指不是特别精细、制作不够精良的茶叶，多指选料采摘较为粗老、喝起来也无须过多精细讲究的茶叶。

图书在版编目（CIP）数据

问茶　茶事小百科 / 贾迎松著. — 北京：中国轻工业出版社，2022.11

ISBN 978-7-5184-3238-7

Ⅰ．①问… Ⅱ．①贾… Ⅲ．①茶文化 – 中国 Ⅳ．① TS971.21

中国版本图书馆 CIP 数据核字（2020）第 201111 号

责任编辑：王晓琛　　责任终审：劳国强　　整体设计：锋尚设计
责任校对：晋　洁　　责任监印：张　可

出版发行：中国轻工业出版社（北京东长安街6号，邮编：100740）
印　　刷：北京博海升彩色印刷有限公司
经　　销：各地新华书店
版　　次：2022年11月第1版第2次印刷
开　　本：720×1000　1/16　印张：12
字　　数：200千字
书　　号：ISBN 978-7-5184-3238-7　定价：58.00元
邮购电话：010-65241695
发行电话：010-85119835　传真：85113293
网　　址：http://www.chlip.com.cn
Email：club@chlip.com.cn
如发现图书残缺请与我社邮购联系调换
221474S1C102ZBW